高效节水灌溉技术丛书

# 糖料蔗高效节水灌溉工程设计指南

黄凯 等 编著

中国水利水电出版社
www.waterpub.com.cn
·北京·

## 内 容 提 要

本书是高效节水灌溉技术丛书之一。本书以广西壮族自治区为例，系统介绍了糖料蔗高效节水灌溉技术及实践，为广西乃至全国糖料蔗主产区发展高效节水灌溉工程提供科学依据。本书的主要内容包括：高效节水灌溉技术及其设计基础资料收集；灌溉水源与工程规模；灌溉方式与工程布局；设计灌溉制度与技术参数；水源工程与首部枢纽；田间管网灌水系统设计；工程投资与经济评价；工程施工及设备安装和工程运行管理。

本书适合从事农田水利事业的工程设计、施工、管理人员参考，特别适合从事糖料蔗高效节水灌溉工程设计、施工、管理人员参考，也适合高等院校相关专业的老师和学生参考。

## 图书在版编目（CIP）数据

糖料蔗高效节水灌溉工程设计指南 / 黄凯等编著
. -- 北京 ：中国水利水电出版社，2020.5
（高效节水灌溉技术丛书 / 吴卫熊主编）
ISBN 978-7-5170-8561-4

Ⅰ．①糖… Ⅱ．①黄… Ⅲ．①甘蔗－栽培－农田灌溉
－节约用水－设计－指南 Ⅳ．①S566.107.1-62

中国版本图书馆CIP数据核字(2020)第079729号

| | | |
|---|---|---|
| 书　　　名 | 高效节水灌溉技术丛书<br>**糖料蔗高效节水灌溉工程设计指南**<br>TANGLIAOZHE GAOXIAO JIESHUI<br>GUANGAI GONGCHENG SHEJI ZHINAN | |
| 作　　　者 | 黄凯　等 编著 | |
| 出 版 发 行 | 中国水利水电出版社<br>（北京市海淀区玉渊潭南路 1 号 D 座　　100038）<br>网址：www.waterpub.com.cn<br>E-mail：sales@waterpub.com.cn<br>电话：(010) 68367658（营销中心） | |
| 经　　　售 | 北京科水图书销售中心（零售）<br>电话：(010) 88383994、63202643、68545874<br>全国各地新华书店和相关出版物销售网点 | |
| 排　　　版 | 中国水利水电出版社微机排版中心 | |
| 印　　　刷 | 清淞永业（天津）印刷有限公司 | |
| 规　　　格 | 170mm×240mm　16 开本　10.75 印张　205 千字 | |
| 版　　　次 | 2020 年 5 月第 1 版　2020 年 5 月第 1 次印刷 | |
| 印　　　数 | 0001—1000 册 | |
| 定　　　价 | **58.00 元** | |

# 《糖料蔗高效节水灌溉工程设计指南》
# 编 委 会

主编：黄 凯

参编：吴卫熊　阮清波　陈　春　黄旭升

邵金华　吴昌洪　刘宗强　姚　瑶

韦继鑫　黄振平　卢兴达　甘　福

李文斌　闭福刚　苏冬源　陈贵燕

# 前　言

　　广西地处我国南疆，位于北纬 20°54′～26°23′，东经 104°28′～112°40′，北回归线横贯中部；行政区域总面积 23.67 万 km²，共划分为 14 个地级市，109 个县（市、区）。2012 年底，广西总人口 5199 万人，其中农业人口 4123 万人。广西"八山一水一分田"，人多地少的矛盾突出，在全区 6326 万亩耕地面积中，大多为旱坡地，旱坡地 4722 万亩，其中 1651.37 万亩用于种植糖料蔗。

　　广西地处云贵高原东南边缘，地形以中山、丘陵为主，面积约占全区总面积的 68.30%。石灰岩分布很广，岩溶总面积约占全区总面积的 51.12%。广西属亚热带季风气候，年平均降雨量 1537mm，雨热与糖料蔗生产基本同季，无霜期达 330 天以上，比较适合糖料蔗生长，是我国南方 13 个产蔗糖省份之一，也是全国最大的蔗糖产区。由于地形起伏和大气环流的影响，降雨时空分布极不均匀，降雨多集中在 4—9 月，占全年总降雨量的 70%～85%；但由于石灰岩地区溶洞、溶孔、溶隙极为发育，且土壤覆盖层薄，土质多为砂壤土，保水性能较差，加之河川径流量的地区分布及年内分配相差很大，不但容易形成江河的特大洪水和严重枯水，甚至发生连续丰水年和枯水年，造成水旱灾害交替发生，季节性缺水严重，对广西的糖料蔗高产稳产造成极大危害。

　　食糖是人类生活的必需品，人类种蔗制糖已有几千年的历史。目前，广西糖料蔗种植面积和产量均占全国的 2/3，糖料蔗种植涉及当地农业人口 750 多万人，糖料蔗产业受益人口 2000 多万；其中，有 33 个县（市、区）农民收入、财政收入一半依赖糖料蔗。糖料蔗已成为广西蔗区农村的主要经济来源，蔗糖加工也已成为地方工业和财政增收的主要产业。糖业在全区经济社会发展和全国糖业发展中具有举足轻重的地位和作用。但广西蔗糖产业"只大不强"，面临着严峻的挑战：一方面，广西"八山一水一分田"，糖料蔗90％以上种植在坡耕地上，春旱、秋旱及工程性缺水制约着糖料蔗生产，易造成糖料蔗减产和糖分下降，不稳产问题突出，严重影响蔗糖产业的稳定发展；另一方面，人工成本的增长，给高度依赖人工的国内蔗糖产业发展带来巨大的压力。在这种形势之下，如何优化广西蔗糖产业，在耕地面积有限的情况下，提高糖料蔗单位面积产量和糖分，降低糖料蔗单位产量生产成本，提升广西蔗糖产业的综合竞争力，已成为广西蔗糖产业可持续发展的关键。

近年来，广西壮族自治区党委、自治区人民政府非常重视农村水利工作，各级水利部门积极践行民生水利的新理念，以推广新型节水技术为支撑，以政府引导和社会参与为基础，大力发展节水灌溉，取得了显著的经济效益、社会效益和生态效益。各级政府把种植糖料蔗的旱坡地作为新增灌溉面积的主战场，采取各种融资措施，加大资金投入力度，推动土地整合或流转，加快节水灌溉技术引进和研发力度，打造出崇左市江州区、扶绥县以及来宾市武宣县、兴宾区等一批以糖料蔗滴灌为主要技术形式的高效节水灌溉试点县，取得了很好的效果。据调查，以喷灌、微灌为主的高效节水灌溉具有节水、增产、增收且适应地形变化的优点，是解决广西旱坡地特色农业干旱缺水的一项重要措施。在蔗区推进高效节水灌溉技术，亩均产量可在当前4.31t的情况下提高2.0～4.0t，不仅可促进农民增产增收，降低制糖成本，也是推进蔗区农业现代化发展、做强做大做优广西的特色优势产业、保障广西工业及国民经济快速发展的基础。

2013年7月9日，广西壮族自治区人民政府发布《关于促进我区糖业可持续发展的意见》（桂政发〔2013〕36号），提出：重点建设500万亩经营规模化、种植良种化、耕作机械化、水利现代化（以下简称"四化"）的糖料蔗基地，以大幅提高单位面积产量，降低单位产量成本。据此，广西糖料蔗高效节水灌溉建设将进入快速发展阶段。

为科学指导广西糖料蔗高效节水灌溉工程设计，提高糖料蔗高效节水灌溉工程设计质量，确保工程建设并发挥灌溉效益，促进广西制糖行业稳定、健康、可持续发展，广西壮族自治区水利厅组织广西水利科学研究院、广西水利水电勘测设计研究院、广西灌溉试验中心站等有关单位联合开展《糖料蔗高效节水灌溉工程设计指南》编制工作，经过一年努力，初步形成本设计指南。

由于作者水平有限，书中不当和错误之处恳请不吝指正。

作者

2020 年 3 月 10 日

# 目录

# 1 高效节水灌溉技术及其设计基础资料收集

## 1.1 高效节水灌溉分类及其特点

高效节水灌溉包括微灌、喷灌和低压管道输水灌溉，其中，微灌包括滴灌、微喷灌、涌泉灌（小管出流）等，喷灌包括固定管道式、半固定管道式、移动管道式、定喷式机组、行喷式机组，低压管道输水灌溉包括田间畦灌（沟灌）、软管浇灌。

### 1.1.1 微灌

微灌是利用水泵加压或地面的自然坡降通过管道系统与末级配水管上的灌水器，将水输送到作物根部附近的土壤表面或土层中的灌水方法，属局部灌溉范畴，系统工作压力小于 0.25MPa。主要包括滴灌、微喷灌、小管出流等。

#### 1.1.1.1 滴灌

（1）定义。滴灌是将覆膜种植技术与滴灌技术相结合的一种新的灌溉技术，相对于传统灌溉技术，具有投资小、节省劳力、节水增产效果更加突出的特点，配合高密栽培、水肥耦合等农艺技术，作物单产实现了突破性的飞跃，广受农民欢迎，是目前最为成功的高效节水灌溉模式之一。

（2）特点：

1）水的有效利用率高。灌溉水湿润的部分为土壤表面，可有效减少土壤水分的无效蒸发。同时，由于滴灌仅湿润作物根部附近土壤，其他区域土壤水分含量较低，因此，可防止杂草的生长。滴灌系统不产生地面径流，且易掌握精确的施水深度，非常省水。

2）环境湿度低。滴灌灌水后，土壤根系通透条件良好，通过注入水中的肥料，可以提供足够的水分和养分，使土壤水分处于能满足作物要求的稳定和较低吸力状态，灌水区域地面蒸发量也小，这样可以有效控制土壤环境的湿度，使作物的病虫害发生频率大大降低，也降低了农药的施用量。

3）提高作物产品品质。由于滴灌能够及时适量供水、供肥，它可以在提高农作物产量的同时，提高和改善农产品的品质，使农产品商品率大大提高，经济效益高。

4）滴灌对地形和土壤的适应能力较强。由于滴头能够在较大的工作压力范围内工作，且滴头的出流均匀，所以滴灌适宜于地形有起伏的地块和不同种类的土壤。同时，滴灌还可减少中耕除草，也不会造成地面土壤板结。

5）省水省工，增产增收。因为灌溉时，水不在空中运动，不打湿叶面，也没有有效湿润面积以外的土壤表面蒸发，故直接损耗于蒸发的水量最少；容易控制水量，不致产生地面径流和土壤深层渗漏。故可以比喷灌节省水 35%～75%。为水源少和缺水的山区实现水利化开辟了新途径。由于株间未供应充足的水分，杂草不易生长，因而作物与杂草争夺养分的干扰大为减轻，减少了除草用工。由于作物根区能够保持最佳供水状态和供肥状态，故能增产。

6）滴灌系统造价较高。杂质、矿物质沉淀的影响会使毛管滴头堵塞；滴灌的均匀度也不易保证。

（3）适用范围：作物单一、采用集中经营管理，并配合机械化作业的蔗区。

### 1.1.1.2 微喷灌

微喷灌属微灌的范畴，也是一种局部灌溉方式。微喷灌是利用微喷灌系统设备按照作物需水要求，通过低压管道系统与安装在末级管道上的微喷头，将作物生长所需的水和养分以较小的流量均匀、准确地直接输送到作物根部附近的土壤表面，使作物根部的土壤经常保持在最佳水、肥、气等状态的灌水方法。微喷灌的特点是灌水流量小，一次灌水延续时间长，周期短，需要的工作压力较低，能够较精确地控制灌水量，灌水均匀度高，有利于增产、提高产品质量。

适用范围：水量丰富、地形坡度较小的地区。

### 1.1.1.3 小管出流灌

小管出流灌属微灌范畴，也是一种局部灌溉方式。小管出流灌溉是利用水泵加压或地面的自然坡降产生的压力水，通过管道系统与末级配水管上的灌水器（塑料小管），将水呈射流状输送到作物附近的环沟内或顺行格沟内的灌水方法。小管出流灌主要适用于气候特别干旱、蒸发强度大的多风地区。另外，在透水性特大的砂性土壤上也适宜采用小管出流灌。

适用范围：适用于年蒸发能力在 2500mm 以上，常年多风的地区；还适宜土壤质地为砂性土、透水性大、保墒能力差的土壤。

### 1.1.2 喷灌

（1）定义。喷灌是用压力管道输水，再由喷头将水喷射到空中，形成细小的水滴，均匀地洒落在地面，湿润土壤并满足作物需水的要求。其明显的优点是灌水均匀、少占耕地、节省人力、对地形的适应性强，主要缺点是受风影响大、设备投资高。

（2）特点：

1）节水。利用管道输水，输水损失很小；加上喷灌容易控制水量，不易产生深层渗漏和地面径流，因此，喷灌的灌溉水利用系数可达 0.72～0.93，比明渠输水的地面灌溉节水 30%～50%，在透水性强、保水性差的土地，如沙质土，节水可达 70% 以上。

2）灌水均匀。喷灌受地形和土壤的影响很小，喷灌后地面湿润比较均匀，均匀度可达 0.8～0.9。

3）增产。喷灌像下雨一样灌溉作物，不会破坏土壤结构，还可以调节田间小气候，增加近地表空气湿度，并能冲掉作物茎叶上的尘土，有利于作物呼吸和光合作用，因此有明显的增产效果。

4）节省土地。喷灌利用管道输水，固定管道可以埋于地下，减少沟渠占地，比明渠输水的地面灌溉减少占地 5%～15%。

5）节省劳动力。由于喷灌的机械化程度高，可以减轻劳动强度，节约劳动力。

6）对地形和土质适应性强。山丘区地形复杂，修筑渠道难度较大，喷灌采用管道输水，管道布置对地形条件要求较低，另外喷灌可以根据土壤质地轻重和透水性大小合理确定水滴大小和喷灌强度，避免造成土壤冲刷和深层渗漏。

7）天气情况对喷灌质量影响较大。主要是受风的影响大。当风速在 3～4 级以上时，水滴在空中易被吹走，从而降低了均匀度，增加了蒸发损失。其次，天气干燥时，水滴在空中的蒸发量也加大，不利于节约用水。因此，在多风或干旱季节，应在早上或晚上进行喷灌。

（3）适用范围。为了充分发挥喷灌的作用，取得好的效果，应先应用于以下几类地区：

1）集中、连片（土地整合）的经济效益较好的作物种植区；经济条件较好、劳动力紧张或从事非农业劳动人口较多的地区。

2）水源有足够的落差，适宜修建自压灌溉的地区。

3）灌溉水源不足或高扬程项目区。

4）地形复杂或土壤透水性较强，采用地面灌溉比较困难的地区。

### 1.1.3 低压管道输水灌溉

（1）定义。低压管道输水灌溉是以管道代替明渠输水灌溉的一种工程形式，水由分水设施输送到田间。直接由管道分水口分水进入田间沟、畦。

（2）特点：

1）节水节能。低压管道输水可减少渗漏损失和蒸发损失，与土垄沟相比，管道输水损失可减少5%，水的利用率比土渠提高了30%～40%，比混凝土等衬砌方式节水5%～15%。对机井灌区，节水就意味着降低能耗。

2）省地、省工。用土渠输水，田间渠道用地一般占灌溉面积的1%～2%，有的多达3%～5%，而低压管道输水只占灌溉面积的0.5%，提高了土地利用率。同时管道输水速度快，避免了跑水、漏水现象，缩短了灌水周期，节省了巡渠和清淤维修用工。

3）投资小、效益高。低压管道输水灌溉投资较小，一般每亩在100～300元。同等水源条件下，由于能适时适量灌溉，满足作物生长期需水要求，因而起到增产增收作用。

4）适应性强。低压管道输水，可以越沟、爬坡和跨路，不受地形限制，施工安装方便，便于群众掌握，便于推广。配上田间地面移动软管，可解决零散地块浇水问题，适合当前农业生产责任制形式。

（3）适用范围。适用于管理比较粗放的、分散农户经营管理的地形较平坦、供水能力大、用水成本较低的蔗区。

### 1.1.4　糖料蔗高效节水灌溉技术选择原则

广西糖料蔗高效节水灌溉工程主要有微灌、喷灌和低压管道输水灌溉（管灌）三大类，每一类灌溉方式均独具特点，如：喷灌地形适应性相对较强，但工作水头大；微灌更加节水高效，与农机农艺结合性好，但容易堵塞；管灌投资省，但地形适应性差，耗费人工多。应根据项目区水源、地形地貌、土壤、间种作物、耕作方式、动力资源以及当地群众意愿和项目建成后的管理水平等条件因地制宜地选择高效节水灌溉技术。

#### 1.1.4.1　根据建成后管护模式选择灌溉技术

（1）项目建成后为管理比较粗放的、分散农户经营管理的，应采用管灌方式。其中：供水能力大、用水成本较低的蔗区，可采用给水栓接沟灌的方式；田间地形起伏较大、且作物有施肥、喷药要求的蔗区，采用给水栓接软管浇灌的方式。

（2）项目建成后为专人集中经营管理的，可选择微灌方式或固定管道式喷灌方式。其中：作物单一、采用集中经营管理的蔗区，一般采用滴灌；水源水量丰富、套种其他作物的蔗区，可采用微喷灌或喷灌；水质难以达到滴灌的要求时，可采用涌泉灌；丘陵地区零星、分散耕地，水源较为分散、无电源或供电保证程度较低的蔗区，可采用定喷式机组中的轻小型机组作为补充。

#### 1.1.4.2 根据地形地貌选择高效节水灌溉技术

微灌能适应各种地形地貌，喷灌对地形坡度有一定的要求，当地面坡度较大时，允许喷灌强度将会降低。如：地面坡度为5％～8％时，允许喷灌强度降低20％；地面坡度为9％～12％时，允许喷灌强度降低40％；地面坡度为13％～20％时，允许喷灌强度降低60％；地面坡度大于20％时，允许喷灌强度降低70％。因此地面坡度较大时，应采用喷灌强度较小的喷头。自压喷灌要求有形成自压条件的坡度，地面坡度大于2％时，宜采用自压喷灌技术；而在地形复杂、高差起伏大的地区，应优先考虑采用微灌或喷灌技术。

#### 1.1.4.3 根据土壤条件选择高效节水灌溉技术

土壤是作物生长的基础，直接影响灌溉方法的选择。影响灌水方法和灌水技术的土壤因素有土壤的保水能力、渗透性、土层厚度、土壤的水侵蚀稳定性。

土壤质地决定土壤的保水能力及渗透性，土壤的保水能力及渗透性又决定作物的灌水定额。土壤的透水性应根据1m土层的机械组成评价，一般由耕层（0～30cm）和耕层（30～100cm）两层的机械组成综合评判。也可以用田间最大持水量和渗吸速度来确定。根据各种土壤田间最大持水量、单位时间末的渗吸水深和土壤的透水性，选择高效节水灌溉技术，见表1-1。

表 1-1　　　　　根据不同土壤特性选择高效节水灌溉技术

| 土　壤 | 田间最大持水量（占干土重）/％ | 单位时间末的渗吸水深/(mm/h) | 渗漏量/(mm/h) | 透水性 | 高效节水技术选择 |
|---|---|---|---|---|---|
| 沙土、沙壤土 | 4～12 | ＞15 | 32～50 | 高 | 微灌、喷灌 |
| 轻壤土 | 12～18 | 15～5 | 29 | 中 | 微灌、喷灌 |
| 中壤土 | 18～25 | ＜5 | 25 | 低 | 微灌、喷灌 |
| 重壤土、黏土 | 15～30 | ＜5 | 5～15 | 低 | 微灌 |

#### 1.1.4.4 根据气候条件选择高效节水灌溉技术

影响灌溉方法和灌水技术的气候因素主要与当地湿润度、蒸发、空气湿度、温度等有关。一个地区的栽培品种、栽培方式及种植制度与光热有密切关系。作物在不同地区的需水量根据湿度条件的不同而有所不同，空气湿度对作物的蒸腾有重要的影响。一般情况下，气温越高，湿度越小，作物蒸腾对水分的要求越多，作物的需水量越大。另外，风也能增加作物的蒸腾，加大作物需水量，而且妨碍一些灌溉技术的实施，主要是对喷灌的影响比较大。大风会加大水的漂移损失并影响灌水均匀度，当风速大到一定程度时，喷头无法工作。

#### 1.1.4.5 根据水源条件选择高效节水灌溉技术

对于多泥沙地表水优先利用控制性工程（水库、塘坝）发展微灌、喷灌工程。泥沙处理方式为：

（1）多泥沙地表水微灌工程一般采取 3～4 级过滤，即：水库、塘坝或引水渠→前池→砂石过滤器→网式或叠片过滤器。

（2）多泥沙地表水喷灌一般采用 3～4 级过滤，即：水库、塘坝或引水渠→拦污栅→前池→拦污栅。

（3）一般泥沙含量或通过水库调蓄的地表水微灌一般采取 3 级过滤，即：引水渠→前池→砂石过滤器→网式或叠片过滤器。

（4）一般泥沙含量或通过水库调蓄的地表水喷灌一般采取 3 级过滤，即：引水渠→拦污栅→前池→拦污栅。

## 1.2 广西高效节水灌溉发展状况

### 1.2.1 广西高效节水灌溉发展概述

1997 年以来，广西通过争取中央支持、地方财政配套、以奖代补等各种形式，以及试行旱地节水灌溉工程奖励投资实施办法等，大力发展高效节水灌溉，取得了显著成效。特别是 2008 年以来，随着国家政策的扶持，耕地逐步从分散向集中转变，集约化种植农产品，经济效益进一步提高，高效节水灌溉的节水、增产效益凸显，发展高效节水灌溉的积极性也被激发。据统计，2008—2010 年，水利部门通过整合节水灌溉示范项目、小农水重点县建设、农业综合开发、国土整治项目和社会投资项目，共投资 46752 万元，建设高效节水灌溉工程 163 处，发展高效节水灌溉面积 34.29 万亩，其中：低压管道输水灌溉 18.91 万亩、喷灌 10.37 万亩、微灌 5.74 万亩。高效节水灌溉示范项目的实施，促进了广西节水灌溉技术的普及与提高，通过以点带面推动全区节水灌溉的发展，为广西农业产业结构调整、发展"高产、高效、优质"农业提供了有力支撑。因地制宜推广以管道输水和喷微灌为主的高效节水灌溉工程技术，在促进节水灌溉事业发展的同时，也为广西加快发展高效节水灌溉规模化建设积累了大量的设计、施工及管理等方面的经验。其中，主要技术模式有：①低压管道输水工程模式，广西选择低压管灌模式的项目主要是经济作物种植区，特别是产值高的经济作物示范片区，如种植蔬菜、水果的灌片，这类项目由于农民群众收入高，群众有灌溉用水的需求，工程建后管理比较到位；②微灌工程模式，鉴于高秆作物在灌溉操作上比较方便，目前广西采用微灌工程模式主要是高秆作物种植区，如甘蔗、香蕉、果树等。主要管理模式有：①农民用水户协会管理，以合同的形式来明确协会与会员的权利和义务，充分发挥协会功能作用，推动高效节水事业的发展；②专业化服务管理，即统一由供水管理机构进行管理，下设水利、供水服务等组织，对节水灌溉示范区进行建设管理技术指导，并建立有偿微利的服务机制，促进节水高效优势的发挥。

### 1.2.2 广西糖料蔗高效节水灌溉发展状况

广西糖料蔗大多种植在坡耕地上，90％以上蔗区无灌溉设施，在部分蔗区发展的灌溉设施，主要经历了以下两个阶段：

（1）起步阶段。该阶段起源于20世纪80年代，以农垦部门为主体，普遍规模较小，打井取水，采用喷灌、滴灌为主的高效节水灌溉方式。在"九五"期间中央安排广西十几个节水灌溉示范项目，涉及糖料蔗面积4.11万亩，其中：渠道灌溉面积0.72万亩，占总面积的17.52％；低压管道灌溉面积0.81万亩，占19.70％；卷盘式喷灌机喷灌面积1.69万亩，占41.12％；微灌、滴灌面积0.40万亩，占9.73％；固定式喷灌面积0.26万亩，占6.33％；小型移动式喷灌0.22万亩，占5.35％。

（2）迅速发展阶段。2011年，中共中央、国务院印发的《关于加快水利改革发展的决定》（中发〔2011〕1号），明确提出：加快推进小型农田水利重点县建设，因地制宜兴建中小型水利设施，支持山丘区小水窖、小水池、小塘坝、小泵站、小水渠等"五小水利"工程建设，重点向革命老区、民族地区、边疆地区、贫困地区倾斜；大力发展节水灌溉，推广渠道防渗、管道输水、喷灌、滴灌等技术，扩大节水、抗旱设备补贴范围，积极发展旱作农业，采用地膜覆盖、深松深耕、保护性耕作等技术；并强调：从土地出让收益中提取10％用于农田水利建设，充分发挥新增建设用地土地有偿使用费等土地整治资金的综合效益，水利发展出现黄金机遇。

2011年，广西崇左市的江州区、扶绥县，来宾市的武宣县及南宁市的武鸣县被设立为高效节水灌溉重点县，每年每县（区）安排3600万元，每年建设2万亩高效节水灌溉工程，连续三年，主攻方向仍然是糖料蔗高效节水灌溉。2012年，又新增崇左市的龙州县、宁明县，来宾市的兴宾区，柳州市的柳江县及防城港市的上思县等5个糖料蔗高效节水灌溉重点试点县。2012年，广西新增鹿寨县、田东县、忻城县和银海区等4个规模化节水灌溉增效示范项目县。

据了解，2009年以来，自治区水利厅、财政厅等部门紧紧抓住水利部、财政部支持糖料蔗高效节水灌溉的机遇，积极争取中央资金，以水利基础设施建设为重点，大力推进高效节水灌溉，全区发展糖料蔗高效节水灌溉面积 53.23 万亩，有力地促进了广西蔗糖产业的发展。在实施过程中，全区各地高度重视，积极推进，探索出"江州模式""龙州模式""扶绥模式""武宣模式"等行之有效的发展路子，创造了很多新鲜经验，树立了南方规模化高效节水灌溉的新典范，得到上级的肯定，引起了《人民日报》、中央电视台、广西电视台等主流媒体的关注，受到各地蔗农的欢迎。特别是崇左市委、市人民政府把糖料蔗高效节水灌溉工作作为发展现代农业的重要抓手抓紧抓实，大力推广滴灌、喷灌和低压管灌等节水灌溉方式，取得了良好成效。2012 年，崇左市建成糖料蔗高效节水灌溉面积 18.4 万亩，其中江州区 8 万亩，扶绥县 8 万亩。从糖料蔗验产情况看，高效节水灌溉区糖料蔗平均亩产达到 7t，比实施高效节水灌溉前增加 2.0～4.0t。

1997 年以来，广西通过争取中央支持、地方财政配套、以奖代补等各种形式以及试行旱地节水灌溉工程奖励投资实施办法等，大力发展高效节水灌溉，取得了显著成效。特别是 2011 年以来，广西正在大力推进高效节水灌溉工作，10 个高效节水灌溉重点县和 10 多个专项县开展的高效节水灌溉试点工作也在加快推进中，各地以糖料蔗滴灌为主的高效节水灌溉技术得到迅速推广。特别是江州区采取"政企民联合共建、增益联产分成"的模式，投入 10 亿元实施 30 万亩糖料蔗高效节水灌溉项目，创造了糖料蔗高效节水灌溉"江州模式"。大力推广了现代农业技术，从土地平整、播种、田间管理到收割全程机械化，实施节水滴灌技术，将水肥一体化技术全程应用。在良种良法、土地整治、集约化经营的支持下，江州区滴灌糖料蔗平均亩产可达到 8t 左右。

截至 2012 年底，广西已发展糖料蔗高效节水灌溉面积 53.23 万亩，其中：低压管道灌溉面积 30.43 万亩、喷灌面积 17.26 万亩、微灌面积 5.54 万亩，取得了显著的经济效益、社会效益和生态效益。高效节水灌溉示范项目的实施，促进了广西节水灌溉技术的普及与提高，通过以点带面推动全区节水灌溉的发展，为发展"高产、高效、优质"糖业提供了有力支撑。因地制宜推广以滴灌和喷灌为主的高效节水灌溉工程技术，在促进节水灌溉事业发展的同时，也为广西加快发展高效节水灌溉规模化建设积累了大量的设计、施工及管理等方面的经验。

## 1.3 广西高效节水灌溉工程建设与管理状况

广西糖料蔗高效节水灌溉工程建设深入人心、成绩斐然，成为水利工程建设的一个新亮点。2011—2013 年，国家实施中央财政小型农田水利重点县建设、节水增效示范县建设等，完成投资 5.75 亿元，解决 56.75 万亩的高效节水灌溉工程。通过抓好糖料蔗高效节水灌溉工程的实施和建后管理工作，积累了许多宝贵的经验。

日前，广西高效节水灌溉设施管理维护组织方式主要有三种形式。一是制糖企业或农场派出专人专管，管理费用按种植面积向用户收取，这种形式主要存在于农垦系统下属的各农场。二是由用户成立用水协会进行管理，用户自发成立用水协会协调用水、负责设备维护和跟制糖企业、农场及高效节水灌溉公司联系。管理费用按种植面积向用户会员收取，这一形式较普遍存在于各高效节水灌溉项目区。三是高效节水灌溉专业公司派出技术人员进行用水管理，按需供水，作为专业技术人员，高效节水灌溉公司派出的人员对设施更了解，更熟悉灌溉制度，操作更娴熟，这种形式正在近年实施的部分糖料蔗高效节水灌溉项目区中推广。

### 1.3.1　广西糖料蔗高效节水灌溉工程建设管理的成功经验与做法

多年来，广西水利、农垦等相关部门实施了数百处糖料蔗节水灌溉示范工程，对糖料蔗节水灌溉技术模式进行了有益探索。尤其是 2011 年以来，江州、扶绥、龙州、武宣大规模实施了高效节水灌溉项目建设，通过示范试点不断探索高效节水灌溉发展，取得了一些较为成功的经验，具体说明如下。

#### 1.3.1.1　江州模式

蔗糖产业是崇左市江州区名副其实的支柱产业：蔗农占农民总数的 90% 以上，糖料蔗种植面积占耕地总面积的 83% 以上，蔗糖产业为财政总收入的 75% 以上，人均产蔗产糖居全国第一。但江州区地处左江旱区，糖料蔗生产长期面临干旱缺水、劳动力缺乏、蔗地过于小块分散等瓶颈制约。为破解这些难题，2011 年以来，江州区以第三批中央财政小型农田建设重点县（区）的资金扶持为契机，引进了新疆天业集团、新疆生产建设兵团农八师 149 团、广西高良科技农业开发有限公司、广西金穗公司、广西糖料蔗研究所等组成的天业联盟，联合辖区内 4 家制糖企业，从 2011 年至 2015 年投资 13.5 亿元实施 30 万亩糖料蔗高效节水灌溉项目。2012 年底已累计完成投资 5295 万元，灌溉面积达 4.16 万亩，灌溉方式全部采用滴灌方式。

按照"政府主导，企业投资，农民参与，利益共享"的思路，采取土地流转为主导的项目管理企业化集约经营方式，探索出了"土地流转、机械化耕种收、水肥药一体化高效节水灌溉"三位一体的现代农业创新发展新模式。这一"江州模式"拓宽了水利建设筹融资渠道，转变了水利建设资金分散投入的传统方式，有力地推动了区域内的糖料蔗生产规模化、集约化、机械化、设施化和现代化。

"江州模式"具体特点如下：

（1）"政府主导、企业投资、农民参与"的"政企民"三方共建模式，即通过政府主导，发动农民把分散的土地流转整合后，租给有实力的企业统一经营管理，形成投资、建设、管理"三位一体"的新机制。这种新机制首先体现在农田水利建设方面的创新，突破了原来水利建设投资不足或分散，以及水利工程建设和管理各为一体的局面。引进有实力的农业公司，引导辖区内制糖企业投资建设示范区，发挥种蔗能人和大户的投资积极性，多元化筹资建设糖料蔗高效节水灌溉项目。

（2）土地流转创新。项目区以"政府引导，农民自愿"原则，把"富民增收"放在首位，在保证农民利益的前提下，动员农民依法自愿流转土地，使参与土地流转的蔗农获得租金收益、劳务收益、分成收益和其他副营收益4项收益。项目建设完成后区内农民人均年收入比非项目区高出2400元。农民将土地流转给租赁企业，将土地整合建设成便于机耕、机收、灌溉的规模连片生产基地，实现原料蔗基地的规模化、集约化经营。

（3）管理创新。项目管理主体企业化有利于糖料蔗生产全程机械化，提高劳动生产率，消化人工费日益增长的高成本；有利于糖料蔗生产运营科技化，以天业集团的"地埋式精确滴灌"技术为支撑，将水、肥、农药一体化技术应用到糖料蔗生产全过程，实现节约水、肥、农药70%以上，降低生产成本。

### 1.3.1.2　扶绥模式

扶绥县是传统的糖料蔗种植大县，每年糖料蔗种植面积保持在120万亩左右，原料蔗和蔗糖产量排广西和全国第二位。县财政的45%来自蔗糖业，农民收入的80%来自糖料蔗。但是干旱缺水一直以来是扶绥县糖料蔗产业发展的最大制约因素。为此，从2011开始，以广西第三批中央财政小型农田水利建设重点县和中央财政小型农田水利高效节水灌溉试点县建设为契机，扶绥县开始深入实施糖料蔗高效节水灌溉工程。采取"农户主体、政府引导、企业参与"的项目建设运作模式和"管护公司＋协会＋农户"的用水管护模式，形成独具特色的扶绥模式。截至2012年底，全县的糖料蔗高效节水灌溉面积已达6.02万亩，灌溉方式以滴灌为主（5.72万亩），喷灌为辅。项目区糖料蔗平均亩产7.5～8.8t，比非项目区高2t以上。

扶绥模式的主要特点如下：

（1）整合土地，科学规划。扶绥大力推进"小块并大块"土地整合，结合土地整合后新的机耕道路和耕作灌区，对高效节水灌溉工程进行规划设计，因地制宜确定微灌、滴灌、喷灌等灌溉模式。

（2）多方融资，保障投入。县级财政负责水源、泵房、供电等配套设施建设；制糖企业按比例出资，负责铺设管道工程建设；受益农户自筹资金，负责田间支管和喷头等配套设施，形成政府、企业、农民投资共建高效节水灌溉项目的工作格局。对于中央项目区以外实施的糖料蔗高效节水灌溉工程，制糖企业、县财政和受益农户三方分别按 50％、30％和 20％比例配套出资。

（3）科技应用，示范带动。以科技为支撑、以基地为中心，每个乡镇均建立糖料蔗高效节水灌溉和"三高"生产综合示范片区。项目区以 300～500 亩划分一个灌区，成立农户互助合作组织，实行"五个统一"（统一机耕、统一种植、统一用水、统一管理、统一砍运）的管理办法。推广机械深耕深松、良种良法、测地配方、水肥一体、糖料蔗间套种等技术，实现高产、高糖、高效益"三高"目标，辐射带动全县糖料蔗高效节水灌溉工程的开展。

（4）加强管护，确保运行。项目建成后，以农民为项目管护主体，采取"管护公司＋合作组织＋农户"的用水管护模式，在政府业务部门组建的糖料蔗高效节水灌溉工程用水管护公司指导下，成立以受益村屯为单位的用水管护组织，负责工程建后管护和运行管理、统一调度用水和收缴水费等工作，建立健全管护机制，有效解决灌溉工程"重建轻管""失管失修"问题，确保高效节水灌溉工程正常运转，长期发挥效益。

### 1.3.1.3　龙州模式

与崇左的江州区、扶绥县相似，蔗糖业是龙州县的支柱产业，2012 年糖料蔗种植面积达 53 万亩，排广西第六位，占全县耕地面积的 73％，种蔗收入占农民总收入的 63.2％，蔗糖业税收占财政收入的 40.9％。但由于地处旱区，加上水利灌溉设施缺乏，糖料蔗单产低的"瓶颈"一直无法突破。从 2011 年起，龙州县开始实施糖料蔗高效节水灌溉工程，在"十二五"期间实施 15 万亩糖料蔗高效节水灌溉项目。截至 2012 年底，龙州县已整合资金近 6000 万元用于项目建设，面积达 2.58 万亩，灌溉方式以滴灌为主（2.4 万亩），低压管灌为辅。项目区糖料蔗平均亩产 6～7t，而非项目区单产不到 4.5t。

龙州县实施糖料蔗高效节水灌溉项目建设的模式如下：

（1）"公司＋基地＋农户"的经营模式，此模式最有代表性。这种模式由农业开发公司承包农户流转的土地，政府在水利建设等方面给予企业支持和补助，企业开展糖料蔗高效节水灌溉建设，应用现代化科学技术和管理方式经营糖料蔗生产，单产和土地产出率与传统经营相比有明显提高。农业开发公司按地块类型以每年 2～2.5t/亩糖料蔗的联动价格和农户结算租金，并聘用农户承包糖料蔗田间管理，允许承包农户在蔗地间套种植其他农作物，有效增加农民收入。

（2）专业公司承包土地模式。专业大户经营的家庭农场，流转入农民的耕地后全额投资建设高效节水灌溉糖料蔗基地。这种模式的优点在于自发性，不需政府任何投资和扶持，而且项目从规划方案到完成建设，周期短、见效快，典型示范性强。如朔龙农业综合开发公司在上降乡里成村实施土地流转，承包500亩耕地，建成了水肥一体化高效节水灌溉糖料蔗基地。

（3）"并户联营"构建农民专业合作社经营模式。如逐卜乡弄岗村那坎屯72户农民，将各自小块土地并成一块面积达500亩的糖料蔗地，交由该屯成立的农民专业合作社经营管理，由3户专业种植大户具体实施。通过机械化耕作，进行水、肥、药一体化管理，提高糖料蔗单产。农户按照投入的土地比例计算收益。每年每亩保底5t，超过5t则按六四分成，农户六成，专业种植户四成。该模式可实现农户与农民专业合作社收益共享、风险共担，农民从土地上解放出来后外出务工增加务工收入。

（4）结合土地整治项目实施高效节水灌溉模式。村民利用国土部门开展的土地整治项目的时机，同步进行水利设施建设。例如武德乡板想村节水灌溉项目就是在实施土地整治的同时进行高效节水水利工程设施建设，依托绿施水库水源，利用建设好的水利沟渠开展渠灌，实现糖料蔗生产的水利化、规模化、机械化经营。该项目投资2232.4万元，实施面积7000亩。

### 1.3.1.4　武宣模式

蔗糖业多年来一直是武宣县的支柱产业，然而由于地处桂中旱片腹地，干旱成为制约武宣县糖料蔗进一步发展壮大的瓶颈。尽管水量充沛的西江干流黔江自西向东横穿全县7个乡镇，当地农民却只能"望河兴叹"。2005年的一场罕见大旱，导致全县糖料蔗减产45%，糖企、农民遭受巨大损失。

痛则思变，武宣县开始谋划建设糖料蔗水利工程设施。2006年，武宣县政府协调当地的蔗糖制糖企业大户广西博宣食品有限公司制订了灌溉工程计划。从2006年开始，博宣食品有限公司先后投资近1000万元在樟村西江槽蔗区建设西江槽糖料蔗水利灌溉工程，架起了长达30km、纵横交错于蔗区的水利沟渠，使灌区内95%以上的糖料蔗面积可实现自行灌溉，面积达1.6万亩。西江槽工程于2006年8月投入使用后，博宣食品有限公司和灌区村委成立了"博宣糖料蔗灌溉协会"，采取"公司＋协会＋农户"的管理模式，高效管水用水，指导蔗农科学种蔗。构建"风险共担、利益共享"的机制，企业和协会在亩产超过5t的部分与蔗农分成，前3年四六分成，之后三七分成，让蔗农拿大头。协会的抽水电费、工人管理等日常运行费用，先由博宣食品有限公司垫付，最终在糖料蔗增产分成中开支。工程实施后，糖料蔗产量平均单产由实施灌溉前的平均亩产2.5t，提高到5.6t，平均亩产提高3.1t，增产效果十分明显。西江槽糖料蔗水利灌溉工程项目给蔗农、政府和企业都带来了实实在在的效益。据测算，

2006—2010 年 4 个榨季合计农民增收 3000 多万元，政府财税和企业效益分别增加 500 万元以上。

### 1.3.1.5　糖企与蔗区合作经营模式

以糖厂为龙头，围绕高产稳产糖料基地的建设，解决好蔗区原料蔗生产的有效供给，建立长期、稳定、有序的产销体系，实行区域化布局、规模化生产、集约化经营的模式。

（1）"糖厂＋农户"。在现行经营体制上，由糖厂与蔗农签订原料蔗生产购销合同，或农民流转土地经营权参与糖厂经营，糖厂在蔗区建设的资金、技术等投入上实行集约化经营管理，蔗农享受各种优惠扶持。这种模式以契约的形式确立了蔗农与糖厂的责、权、利的关系，克服了在收购原料蔗过程中的随意性和跨蔗区抢购原料蔗的现象，有利于稳定生产秩序和保护蔗农利益。实行糖料蔗生产产销合同制的"定单农业"，使企业与蔗农结成利益共享、风险共担的合作伙伴，蔗区建设以企业投资为主体与蔗农共建、共管、共享，确保企业蔗源稳定和农民收益有保障。

（2）"糖厂＋基地，厂农一体化"。这种模式主要由地方政府统一规划，通过糖厂与各乡镇签订长期（10～30 年）土地租赁合同，联合承办糖厂原料蔗基地，进行连片开发，规模经营，形成糖厂稳定的"第一车间"。这种模式可以克服蔗价波动对糖料蔗生产的影响，糖厂可以直接支配蔗区的生产经营，糖厂与蔗农共享利益分配、风险共担，这有利于提高糖厂对蔗区基地开发建设投入的积极性，蔗农利益有保障。

（3）"公司＋农户"。由农业投资公司建立专业化、实体化的糖料生产开发公司，蔗农流转土地经营权，由公司直接承担蔗区建设和种、管、收等系列化服务，实行集约规模经营，形成组织性较高的农业企业实行糖料蔗产业化经营。这种模式克服了糖料蔗生产分散经营和糖厂面对千家万户组织生产的困难，有利于加强糖料蔗生产的计划性，形成利益共同体。

（4）围绕龙头企业建设产业化生产示范基地。以国家糖料基地建设项目为依托，发挥国家资金的导向与推动作用，调动地方投入建设的积极性，形成以中央和地方政府投入为辅，以企业、蔗农和社会力量为主体的资金投入机制，围绕龙头企业建设糖料生产产业化示范基地，建立政府、工业、农业和科技力量相互支持、利益共享、风险共担，产前、产中、产后服务紧密相连的高度协调统一的产业化经营体系，形成工农联合、长期稳定的、相互依存的、集约化规模经营的糖料蔗生产产业化示范基地，以推动广西糖料蔗生产产业化的进程，增强蔗糖业抵抗市场风险的能力，促进地方经济发展和农民增收。

### 1.3.2　广西糖料蔗高效节水灌溉工程建设管理面临的主要问题

#### 1.3.2.1　糖企参与项目建设的主动性不够

目前，糖料蔗高效节水灌溉项目建设资金主要来自中央和自治区财政、各县（市、区）财政，制糖企业资金到位较少，参与积极性不高，主动性不够。其原因主要有以下三个方面：

（1）制糖企业对稳定原料蔗产量的措施认知不够。多年来，糖料蔗种植面积和原料蔗产量稳中有升，糖价高位运行，企业效益较好，糖企认为原料蔗已经保证，再投资糖料蔗高效节水灌溉项目，担心得不偿失。

（2）等待、观望、依赖思想严重。糖企认为糖料蔗生产是支柱产业，如何提高糖料蔗产量，政府比制糖企业更关心、更焦急。观望、等待、依赖政府的思想较为突出。

（3）政府对制糖企业的出资，其责、权、利不够明确。如有的企业集团提出，制糖企业可以出资50%，但涉及与制糖企业的利益分成问题时双方很难达成共识。而专业化承包公司则有两种思想顾虑：一是担心投资项目建成后，受市场糖价波动影响，原料蔗价下跌，给企业造成亏损，出现中途退租现象。二是规模经营后农机社会化服务跟不上，给企业经营项目造成困难。

#### 1.3.2.2　土地整合流转难度大、进展慢

广西糖料蔗种植多采用一家一户的经营模式，经过几代人的分割，土地零散，户均种蔗5亩左右。据调查，2009年种植糖料蔗在50亩以上的蔗农户仅有8490户，种植面积只有43万亩，仅占全区糖料蔗种植总面积的3.6%。加上糖料蔗种植大多在旱坡地上，土地平整度低，难以产生规模效益，对需要较大投入的高效节水灌溉造成制约。

土地整合流转难度大、进展慢的主要原因：一是部分农民恋地情结重。由于长期以来形成的对土地的依附性，有些蔗农对承包土地经营权的流转还是心存疑虑，害怕没有退路。二是机制不健全。虽然土地使用权流转已成为农村经济发展中的一种普遍现象，但土地流转无论有形还是无形的市场都未形成，转出、转入之间缺乏足够的信息联系，阻碍着土地流转在更多方式、更大范围和更高层次上进行。转包费、租赁费缺乏科学依据，没有与之相关联的评估、咨询、公证、仲裁等中介机构。三是有些地方承包土地少，而且零星分散、坡高地贫不同，不愿意整合或流转。四是工作不细致，不了解地情状况，存在将部分不适合机械化耕作和高效节水灌溉工程建设的种植面积整合流转给专业公司，而专业公司不愿经营的现象。五是农民担心土地流转后，收入会减少。

#### 1.3.2.3　管理机制和服务体系不完善

按照水利部有关高效节水灌溉项目建设管理的要求，必须建立招投标、业

主负责、工程监理、合同管理、质量监督和项目资金使用等管理制度，规范项目建设管理。但在实际建设中还存在一些问题，主要表现在：一是管理制度不够完善。从调研中了解到，虽然有的地方基本形成了一套管理制度，但对水利设施和灌溉管道的长效管护机制和措施还不够完善，后续管理难，影响项目发挥长效作用。如经营大户和农户在干旱少雨季节能够认真管理和使用灌溉设施，但是随着雨季来临，针对这些设施的管护显得较为松懈，难以管护到位，导致抽水机械和供水管道的衰老折旧速度加快，使用寿命减短。这些都增加了实施项目的负担，也使项目建设管理出现虎头蛇尾的现象。另外管理机制不够完善还表现在土地整合而未流转的地方，还是很难实行统一耕作、统一种植、统一施肥、统一管理、统一分成的"五统一"制度。二是服务体系不够完善。基层水利服务体系不成熟，对农民技术培训不足，缺乏必要的技术支撑，推广应用先进的节水灌溉新技术还有一定困难，一些专业化公司的机械化生产程度不是很高，糖料蔗生产管理仍需大量的季节性民工，目前广西很多糖料蔗主产区还没有建立起糖料蔗生产方面的农机专业化服务队伍。

### 1.3.2.4　缺乏规划建设与管理人才

高效节水灌溉工程是一项复杂的系统工程，要求的设计水平比较高，而现在设计单位能熟练掌握高效节水灌溉工程技术以及建后管理的人才很少，加上设计单位任务多，前期工作紧张，很难高质量完成设计任务，造成设计有漏项、变更多。同时，很多设计单位由于自身对高效节水灌溉认识水平较差，难以派驻胜任的工地设计代表。

同时建设与管理单位缺乏掌握高效节水灌溉技术以及项目建后的管理人才，也给项目的建设管理维护带来较大影响。如武宣县水利部门干部职工219人中仅有21名各类水利专业技术人员，技术力量非常薄弱。在项目施工建设及管理工作中，缺乏掌握高效节水灌溉工程技术以及建后管理的人才，必然影响与当地群众的沟通，给项目推进造成一定阻力。

### 1.3.2.5　工程设计和建设进度与糖料蔗生产存在矛盾

（1）前期工作时间紧迫。高效节水灌溉工程作为一项新项目，从规划、设计到实施，前后就半年时间，时间非常紧迫，各方面工作任务非常艰巨，由于部分基础设计工作未到位或不周全，造成工程实施中有不少问题，设计工作修改多，影响了工程进度。

（2）工程建设任务重。第一，高效节水灌溉工程一般点多面广，施工工期又很短，多数要求当年11月至次年的3月完成，而在施工期内糖料蔗较难砍运完成，等糖料蔗砍完后，施工的黄金时间也差不多到期，影响工程建设任务完成。第二，由于施工面广，工程虽然经招投标，参加投标中标单位大多为三级资质单位，在广西境内能真正投入技术力量的施工企业较少，在其他人力、物力上的投入也有一定的影响，不利于工程优化和质量提高。第三，在施工过程中，由于当地群众认识不到位，意识跟不上形势发展，施工中受到不少的阻碍。

#### 1.3.2.6 灌溉技术模式有待探索

目前，广西实施的糖料蔗高效节水灌溉工程技术模式有喷灌、滴灌、微灌、低压管灌4种模式。喷灌模式投入及运行成本均较高，能源消耗大、运行维修费较高。此外，喷灌受风影响大，风速大于3级时不宜采用。滴灌、微灌、低压管灌投入成本相对较低，尤其适合丘陵地区推广。但在滴灌模式中，杂质、矿物质沉淀的影响会使毛管滴头堵塞；滴灌的均匀度也不易保证。地埋式滴灌还受到天牛幼虫咬掉毛管的危害，目前没有药物防治天牛，维护困难。采取何种灌溉技术模式更节水节肥，更易于方便使用及管理，产生更大效益，还有待探索总结。

## 1.4　广西高效节水灌溉工程设计基础资料收集

### 1.4.1　自然条件

主要收集与糖料蔗高效节水灌溉工程有关的自然条件，其他相关情况视项目需要进行收集。

（1）位置。地理位置资料包括糖料蔗高效节水灌溉工程项目区所处的经纬度、海拔高程及东南西北相邻地区，项目区的范围和面积等，应在合适比例的行政区划图上进行清晰地表达。

（2）地形。地形图是工程设计的最主要资料，进行糖料蔗高效节水灌溉工程设计时要测量绘制比例适合、绘制规范的地形图。灌溉面积在 333.33hm² 以上的项目区，总平面布置宜用 1/2000 比例尺的地形图，分区平面布置和片区管网布置图宜用 1/1000～1/500 比例尺的地形图；灌溉面积小于 333.33hm² 的项目区，总平面布置图可用 1/1000 比例尺的地形图，分区平面布置和片区管网布置图宜用 1/1000～1/500 比例尺的地形图。

（3）气象。含降雨、蒸发、气温、湿度、日照、无霜期、风速、风向、气象灾害等与蔗区灌溉密切相关的农业气象资料，降雨资料应收集当地的多年平均降雨量以及典型年月旬降雨分布，降雨资料年限不少于 15 年。

（4）水源。应收集项目区内、项目区附近的河库溪流、沟渠流量、容量，含能清晰表达蔗区水源的水系图和水源工程地质资料，以及各水源逐年供水能力、年水量、水位变化情况，水质、水温、水生物、泥沙含量变化情况，特别是灌溉季节的供水、用水情况。

对于地表水源，包括取水点的水文资料。

对于以地下水为水源的工程，应收集蔗区内外水文地质资料，含与项目区有关的地下水储量、可开采量、已开采量、地下水位多年变化情况、超采情况、年可供灌溉水量，以及地下水的单位涌水量、含水层厚度、含水层岩性、地下水的化学成分及其含量等。

微灌、喷灌工程对水源水质有特殊要求，应对水源的水质进行化验分析，测定水源中的泥沙、污物、水生物、含盐量、氯离子的含量及 pH 值，以便决定采取相应的处理措施，保证微灌、喷灌工程正常运行。

（5）土壤。应收集糖料蔗高效节水灌溉工程项目区内不同类型土壤的质地、容重、田间持水量、孔隙率、渗吸速度、土层厚度、pH 值和肥力等土壤特性资料。缺乏当地蔗区土壤资料时，应取土样进行土工试验，以取得相关设计参数。

（6）作物。应收集糖料蔗高效节水灌溉工程项目区拟种植的甘蔗和间种品种、栽培模式、根系分布深度、生长季节、各生育阶段及天数、需水量及其变化规律，各品种种植比例、种植面积、种植分布图及轮作间种计划、田块面积和规格大小，当地或类似条件地区的灌溉试验资料、灌溉制度、灌水经验等。

（7）周边环境。收集糖料蔗高效节水灌溉工程项目区及其周边地区有关的自然地理特点和生态环境状况。

## 1.4.2　生产条件

主要收集与糖料蔗高效节水灌溉工程有关的生产条件，其他相关情况视项目需要进行收集。

（1）水利工程现状。应收集糖料蔗高效节水灌溉工程项目区引水、蓄水、提水、输水和机井等灌溉工程的类别、规模、位置、容量、配套完好程度和效益情况，机井单井出水量、静水位、动水位变化情况，地表水、地下水开发利用情况，以及防洪、排涝工程设施情况，及其抗御自然灾害的能力，工程管理利用状况等。

（2）农业生产现状。包括糖料蔗高效节水灌溉工程项目区历年种植的作物平均单产、受旱、虫灾、低温霜冻灾害及减产情况，以及甘蔗品种和间种作物组成、耕种制度、现状生产水平和农业机械化程度，甘蔗品种和间种作物的需水量、需水规律及其对水质的要求等。

（3）动力资料。包括糖料蔗高效节水灌溉工程项目区现有的动力、电力及水利机械设备情况（如电动机、变压器、柴油机），电网供电情况以及动力设备价格、电费与燃油价格等。

（4）当地材料和设备生产供应情况。包括工程建筑材料和各种管材、设备来源、单价、运距及当地生产的产品、设备质量、性能、市场供销情况等。

（5）灌溉规划及现状。项目区灌溉规划，路、渠、沟、电力线路等布置情况，以及当地糖厂、群众对蔗区实施高效节水灌溉的意见和要求。

### 1.4.3 社会经济状况

主要收集与糖料蔗高效节水灌溉工程有关的社会经济状况，其他相关情况视项目需要进行收集。

（1）行政区划和管理。包括项目所在县、市、乡、镇、村、屯名称，人口、劳力、民族及文化和农业生产承包方式、管理体制、技术管理水平，当地工农业生产产值、人均收入等。

（2）经济条件。包括工农业生产水平，现有耕地、荒地、园地及林地的分布和面积，林草覆盖率，牲畜状况，养殖业概况，缺水地区的范围与缺水程度，产品价格，经营管理水平，组织管理机构的体制及人员配备情况等。

（3）交通条件。包括糖料蔗高效节水灌溉工程项目区对外的交通运输能力、路况、运输价格情况和项目区内机耕道路的布局、完好情况。

（4）相关发展规划和文件资料。收集与糖料蔗高效节水灌溉工程有关的流域和地区水利规划、环保规划、农业规划、交通规划、城镇建设规划等行业发展规划和批准文件。

# 2 灌溉水源与工程规模

**水源的种类和水质**

### 2.1.1 水源的种类

灌溉水源是指天然水资源中可用于灌溉的水体。广西糖料蔗高效节水灌溉工程的水源可分为两大类：地表水水源和地下水水源。这两类水源的种类和特点见表 2-1。

表 2-1　　　广西糖料蔗高效节水灌溉工程水源的种类及特点

| 类型 | 种类 | 主　要　特　点 |
|------|------|------|
| 地表水 | 江河水 | 1. 水量及水质受季节与降水的影响较大；<br>2. 常含无机悬浮物和有机悬浮物；<br>3. 洪水期含沙量较大 |
| | 水库水、山塘水 | 1. 水量及水质受季节与降水的影响比江河水小；<br>2. 有机物含量较多；<br>3. 含沙量比江河水小；<br>4. 易受污染 |
| 地下水 | 孔隙水 | 1. 分布在盆地、谷地等地形地貌区域；<br>2. 空间分布相对均匀，连续性好；在孔隙含水层打井均可获得地下水；<br>3. 水质较好 |
| | 岩溶水 | 1. 广泛分布在岩溶地区；<br>2. 岩溶大泉及地下河较发育；<br>3. 水质较好 |
| | 裂隙水 | 1. 以潜水或承压水形式存在；<br>2. 埋藏和分布具有不均匀性和方向性，有的地方打井有水，有的地方无水；<br>3. 水质较好 |

### 2.1.2 灌溉水源的特点

广西幅员辽阔，不同类型的水源各具特点。同时，由于糖料蔗高效节水灌溉项目区在地理位置、地形地貌、气候特征等方面相差较大，不同区域的同类水源也不尽相同，主要体现如下：

（1）糖料蔗高效节水灌溉工程的水源类型和取水方式较多，既有以江河水、水库水、山塘水作为水源的，也有以地下水作为水源的，甚至还有以经过净化处理的糖蜜废水作为水源的。水源类型复杂，取水方式灵活多样，构成糖料蔗高效节水灌溉供水与过滤工艺的多样性。

（2）广西地形复杂，河流众多。据不完全统计，集水面积在 $50km^2$ 以上的大、中、小河流（含干流及各级支流）约 1000 条以上。岩溶地区的河流多河谷深切，形成许多峡谷、急流和险滩，河流水位变幅较大，提水灌溉扬程高；平原地区的河流坡降较小，洪水期泥沙较多，提水灌溉扬程相对较低。

（3）根据《广西区域水文地质工程地质志》（广西水文工程地质队，1993年 10 月），依据含水层空隙的性质、赋存条件、水理性质和水力特征，将广西全区地下水类型分为孔隙水、岩溶水和裂隙水 3 种。上述地下水的分布和特点如下：

1）松散岩类孔隙水。主要分布于北海、合浦、南宁以及钦州等地，总面积为 $3134km^2$。岩性主要为中、粗砂土和砾石。单一结构砂砾石层分布于南宁盆地、百色盆地、桂林平原、五塘至吴圩平原、宁明至上思盆地、宾阳至黎塘盆地、贵港至桂平盆地、兴安至全州谷地、恭城至平乐谷地、钟山至贺州平原、荔浦盆地平原、玉林盆地、博白谷地等区域。厚度一般为 $10\sim26m$，最厚达 $43m$，单井涌水量为 $11\sim5253m^3/d$，泉水流量一般为 $0.04\sim3.4L/s$。多层结构砂砾石层集中分布于北部湾畔的北海、合浦滨海平原区，主要由第四系和第三系松散层组成，岩性主要为中粗砂、砂砾等。覆盖厚度 $30\sim140m$，钻孔涌水量一般为 $84\sim3325m^3/d$。

2）红层碎屑岩类孔隙水。主要分布于右江河谷的百色盆地和南宁盆地，桂西南的上思盆地和宁明至海渊盆地，桂南的钦州至灵山盆地，桂东南的容县盆地和金鸡盆地，桂东北的望高至回龙盆地，总面积 $4652km^2$。地层主要由第三系、白垩系地层组成，岩性为泥岩夹砂岩、泥岩与砂岩互层，砂质泥岩夹砾岩、砾岩等。单井涌水量为 $1\sim344m^3/d$。

3）碳酸盐岩类裂隙溶洞水。分布于武鸣—靖西、贵港、河池、桂林、柳州、来宾、崇左等大部分区域，面积 $76158km^2$，地层主要为中泥盆统东岗岭组至下三叠统，岩性为灰岩、白云质灰岩、含燧石灰岩夹白云岩、泥灰岩等。地貌为峰丛洼地、谷地、峰林、峰丛谷地和孤峰平原，岩溶强烈发育，岩溶槽谷、洼地、谷地、落水洞、漏斗常见；溶洞有水竖井、岩溶潭、地下河天窗，岩溶大泉及地下河较发育。广西全区发育 600 多条地下河有 580 条分布在该含水岩组中，该含水岩组发育的溶洞是地下水赋存的主要空间，其内蕴藏着丰富的岩溶水。根据多年平均枯季资源模数及岩溶大泉、地下河流量将岩溶水划分为水量丰富、中等和贫乏 3 个富水等级。

水量丰富的含水岩组，多年平均资源模数 40 万～50 万 $m^3/(a \cdot km^2)$，地下河流量一般为 229～1026L/s，最大流量为 3340L/s，大泉流量一般为 10～50L/s，最大达 100L/s 以上。多年平均径流模数为 6.60～7.78L/($s \cdot km^2$)，降水入渗系数一般为 0.3～0.6。

水量中等的含水岩组，多年平均资源模数为 30 万～50 万 $m^3/(a \cdot km^2)$，地下河流量一般为 50～200L/s，最大流量为 1233L/s，大泉流量一般为 5～30L/s，最大达 132.7L/s 以上。多年平均径流模数为 3～6L/($s \cdot km^2$)，降水入渗系数一般为 0.2～0.5。

水量贫乏的含水岩组，集中分布于平果县城以北及环江北部一带，地下岩溶不发育。地下河流量一般为 50～100L/s，最大流量为 366L/s，地下水多年平均径流模数小于 3L/($s \cdot km^2$)，降水入渗系数一般为 0.2～0.33。

4）碳酸盐岩夹碎屑岩类溶洞裂隙水。主要分布在桂北的南丹、环江、柳城至鹿寨，桂东北的永福至临桂、荔浦至平乐，桂西、桂中、桂东南也有零星出露，总面积 20176$km^2$。岩性为砂页岩、硅质岩、灰岩、白云岩、白云质灰岩，地表岩溶现象不明显，未见地下河，仅有一些短小的伏流，以大泉居多。岩溶以溶隙为主，溶洞次主。多年枯季平均径流模数为 3～6L/($s \cdot km^2$)，少部分地区大于 6L/($s \cdot km^2$) 或小于 31L/($s \cdot km^2$)，泉流量多为 5～10L/s，个别大于 50L/s。

5）碎屑岩类裂隙水。广泛分布于广西全区各区域，总面积为 98437$km^2$。岩性主要为砂岩、页岩、泥岩。水量丰富地段资源模数为 40 万～50 万 $m^3/(a \cdot km^2)$，径流模数大于 6L/($s \cdot km^2$)；水量中等地段资源模数 30 万～40 万 $m^3/(a \cdot km^2)$，径流模数为 3～6L/($s \cdot km^2$)；水量贫乏地段径流模数小于 3L/($s \cdot km^2$)。

6）变质岩类裂隙水。主要分布于桂北、桂东和桂东南地区，面积 11995$km^2$。地层岩性主要为震旦系、板溪群变质岩和寒武系浅变质岩，地下水富水性中等至丰富，枯季平均径流模数为 3～6L/($s \cdot km^2$)。

7）红层钙质砾岩类溶洞裂隙水。分布于邕宁、良圻、邹圩、府城一带，面积 469$km^2$，地层为老第三系下段（$E_1$）和上白垩统（$K_2$），岩性为钙质砾岩。钻孔涌水量为 2.97～19.1L/s，即 256～1651$m^3/d$，泉流量为 10～50L/s，最大达 128L/s。

8) 岩浆岩类风化裂隙水。主要分布于桂东北、桂北、桂东南、桂南地区，桂西南、桂西仅小面积出露。形成时期为雪峰期、加里东期、华力西期、印支期、燕山期、喜马拉雅期等。岩性为花岗岩、玄武岩等。总面积为 21667km²。该类岩组水量丰富地段枯季平均径流模数大于 $6L/(s\cdot km^2)$，水量中等地段枯季平均径流模数为 $3\sim6L/(s\cdot km^2)$，水量贫乏地段枯季平均径流模数小于 $3L/(s\cdot km^2)$。

### 2.1.3 水质与水质标准

#### 2.1.3.1 水样采集

水质处理的目的是将水源来水变成符合灌溉系统要求的水。因此，采集有代表性的水源，是正确进行水处理的前提条件。一般情况下，水源水质在灌溉季节期间是变化的，应在水质条件最差的时候取样；以机井为水源的，应取该井在设计额定流量情况下由水泵抽出井口的水；如果是河、渠、塘、库等地面水源，应在其离岸一定距离处的水面下取样。

水样瓶应采用容积 $1\sim2L$ 的塑料或玻璃瓶，使用前必须彻底清洗，以免污染水样。微灌工程每次取两瓶水样，一瓶用于铁质分析，另一瓶用于其他分析。水样要完全装满瓶子（以排掉瓶中空气），小心地贴上标签，封好瓶子并立即送实验室分析。水样最好在低温（一般为 4℃）条件下保存。某些化验分析，如铁、残留氯含量、pH 值必须现场测试，否则由于从取样到分析化验有一段时间差，水质易于发生变化。

#### 2.1.3.2 水质分析项目

对采集的水样需作以下几项分析：悬浮物、全盐量、pH 值、硫化物、氯化物、五日生化需氧量、化学需氧量、水温、总汞、镉、总砷、铬（六价）、铅、阴离子表面活性剂、粪大肠菌群数、蛔虫卵数 16 项指标。

(1) 悬浮物。水中悬浮的杂质可分为有机物和无机物两大类。有机物包括藻类、细菌、生物有机体的碎片、草籽及各种各样的水生物。无机物主要是各种粒径的泥沙，有时也包括一些不溶解或尚未溶解的盐类。悬浮物每天、每季都有很大变化，特别是河、渠、湖、塘、库一类水源。水质分析时应测出单位水体中这些杂质的含量及其粒径分布，以便采取有效的处理措施。

(2) 全盐量。植物根系主要靠渗透压从土壤中吸收水分。这种渗透压是由于根系细胞中的可溶盐分浓度高于土壤水分中盐分浓度而产生的。这种渗透压促使水由盐分浓度低的地方通过半透细胞膜向高含盐量的地方转移，这个过程称为渗透。当用含盐的水灌溉作物时，由于作物对水分的吸收和消耗，灌溉水中的大部分盐分便被遗留和积累到土壤中。盐分的积累使土壤水的盐分浓度升高，降低了根系细胞膜的渗透压，从而减缓了植物根系对水的吸收，使作物生长缓慢，出现生理干旱，最后导致作物减产或绝收。因此，灌溉时要控制土壤水分的含盐浓度。

（3）pH值。灌溉水源的pH值一般在6.5～8.5范围不会出现什么问题。但是，在水和土壤的各种化学反应中pH值起主要作用。pH值可以决定水中可溶物的存在与否，如铁和碳酸钙可因pH值变化而发生沉淀导致滴头堵塞。水的pH值大小还可以促进或抑制氯对水生物和细菌的消杀作用，也影响各种土壤养分的有效性。所以pH值是一个需要考虑的重要因子。

（4）硫化物。如果灌溉水中硫化物含量超过0.1mg/L，硫细菌就较易于在水中繁殖而产生白色棉花状的有机硫酸液，堵塞过滤器和滴头。

（5）氯化物。在所有天然水中都有氧化物存在，如果浓度过高就会对作物有害。所有氯化物都是可溶的，都计入土壤总含盐量之中。必须测定氯化物含量以正确评价灌溉水质。

（6）五日生化需氧量。五日生化需氧量是指在好氧的条件下，在温度为20℃的环境中培养水样5天，水中微生物分解有机质的生物化学过程中所需要的溶解氧量。五日生化需氧量常作为水体有机物污染程度的指标。灌溉水中的需氧有机污染物进入农田后，最终要被分解。在处于氧化条件的旱田土壤中，有机物质将被分解为二氧化碳和水等；在分解过程中，由于消耗了水中的溶解氧及土壤中的氧化物的氧，从而使土壤的氧化还原电位下降，产生二价铁、硫化氢、二价锰等。灌溉水中需氧有机物的含量不太高时，对作物生长一般无不良影响，在一定条件下甚至还有改良土壤，促进增产的作用。但是，需氧有机物的含量过高时，上述产生的过剩的二价铁、硫化氢等就要随同有机酸等一起被作物吸收，阻碍植株体内的代谢活动，抑制根系生长，甚至引起烂根，以至影响地上部植株的发育。尤其是作物对氮、磷、钾等养分的吸收受到阻碍后，必然造成作物减产。

（7）化学需氧量。化学需氧量是在一定的条件下用强氧化剂氧化水样时，所消耗该氧化剂量相当的氧的质量浓度，以氧的mg/L表示。它是指示水体被还原性物质污染的主要指标。其中包括大多数有机物和部分无机还原物质。作为灌溉水的污染指标，化学需氧量与五日生化需氧量具有一定的类似性质，只是化学需氧量除了包括需氧有机生物氧化所耗之氧外，还包括无机还原性物质化学氧化所耗的氧。

（8）水温。水温过低会减缓植物生长，水温过高会造成植物根系腐烂、死亡，灌溉水水温要求小于35℃。

(9) 总汞。灌溉水中含汞 0.005mg/L 以上时，长期灌溉可造成汞在土壤表层的积累，使土壤污染，造成对作物的危害。土壤中含汞量随灌溉水中汞的浓度的增加而增加。随灌溉水进入土壤中的汞主要集中在土壤表层 0～5cm 处。农作物能从被污染的土壤中吸收汞。作物中含汞量与土壤积累汞量成正相关。根据汞对农作物生长、产量的影响及农产品中的残留，考虑到汞的毒性较大，长期灌溉能污染土壤，拟定汞的农田灌溉水质标准为 0.001mg/L。

(10) 镉。土壤对镉有很强的吸附力，特别是黏土和有机质多的土壤，易于造成镉含量的积蓄。当土壤的 pH 值偏酸时，镉的溶解度增高，而且在土壤中易移动，可能污染地下水，同时也易被植物从根部吸收；当土壤 pH 值偏碱时，镉的移动性差，作物也难以吸收。在铜、锌、砷、镉这些元素中以镉最容易造成土壤污染。

当灌溉水中或土壤中含有一定镉时，均可被农作物吸收和在土壤中造成积蓄，其吸收量和积蓄量的多少随灌溉水中镉浓度、灌溉量和污灌年限的增加而增加。农作物吸收镉后，镉在植物体内的分布顺序是根＞茎叶＞籽实。由于镉大量地积累在植物根、茎叶中，因此，在受镉严重污染的农田里，农作物的茎叶不宜作家畜饲料，根茬也不宜沤制肥料。

(11) 总砷。砷在土壤中的残留主要集中在表层，自上而下的移动性小。利用含砷污水灌溉农田，随灌溉水中砷含量的增高和灌溉次数的增加，砷在土壤和作物中累积增加，使作物受害，污染收获物。

(12) 六价铬化合物。含六价铬的灌溉水对作物的萌发及其生长发育都有一定的影响。作物通过根系均能吸收灌溉水及土壤中的铬。铬还在作物内积累。吸收的铬主要积累在根中，其次是茎叶。含铬污水灌溉后，土壤可以积累铬。植物吸收和土壤积累的铬都随灌溉水中铬的浓度的增加及灌溉年限的增加而增加。可通过增加土壤有机质施用量和适当提高土壤的 pH 值来减少铬污染造成的危害。为防止铬对农作物、土壤造成的污染危害，灌溉水中铬的最高允许浓度控制在 0.1mg/L 以下。国家标准要求灌溉水的六价铬的含量应小于 0.1mg/L。

(13) 铅。含铅污水灌溉农田，其最高允许量应在 1.0mg/L 以下，否则抑制植物生长。进入土壤的铅主要分布在土壤表层。作物可以通过根吸收土壤或灌溉水中的铅，并主要积累在根部，只有极少部分转移到地上部。

(14) 阴离子表面活性剂。阴离子表面活性剂可使土壤处在强还原状态，因有多量的还原物质存在，可使水稻根部受到较大的危害，影响对土壤中养分的吸收，最后造成严重减产。

(15) 粪大肠菌群数和蛔虫卵数。粪大肠菌群数和蛔虫卵数能污染土体，它们具有通过土壤和作物传播肠道传染病的危险性。

另外，滴灌系统还需分析铁和锰的含量。铁以可溶形式（$Fe^{2+}$）存在，浓度只要达到 0.1mg/kg 就能产生堵塞问题。可溶性铁因温度或压力的变化、pH 值的升高或细菌的活动而沉淀下来，结果产生黄褐色泥状物或黏团，使整个滴灌系统失效。

地下水中较少出现锰，通常含量也较小，与铁一样，锰溶液可因化学反应或生物活动而沉淀。锰的沉淀物颜色从深褐（混有铁杂质）到黑色（纯的氧化锰）。对含锰水进行氧化处理时要特别注意，因为加氯到锰离子完全沉淀需要的时间较长。

### 2.1.3.3 农田灌溉水质标准

我国于 2005 年颁布了《农田灌溉水质标准》（GB 5084），其主要内容见表 2-2。

表 2-2　　　　　　　农田灌溉用水水质基本控制项目标准值

| 编号 | 项目 | 标准 | 编号 | 项目 | 标准 |
|---|---|---|---|---|---|
| 1 | 五日生化需氧量 | ≤100mg/L | 9 | 硫化物 | ≤1mg/L |
| 2 | 化学需氧量 | ≤200mg/L | 10 | 总汞 | ≤0.001mg/L |
| 3 | 悬浮物 | ≤100mg/L | 11 | 镉 | ≤0.01mg/L |
| 4 | 阴离子表面活性剂 | ≤8mg/L | 12 | 总砷 | ≤0.1mg/L |
| 5 | 水温 | ≤35℃ | 13 | 铬（六价） | ≤0.1mg/L |
| 6 | pH 值 | 5.5～8.5 | 14 | 铅 | ≤0.2mg/L |
| 7 | 全盐量 | ≤1000mg/L | 15 | 粪大肠菌群数 | ≤4000 个/100mL |
| 8 | 氯化物 | ≤350mg/L | 16 | 蛔虫卵数 | ≤2 个/L |

另外，由于微灌对水质要求较高，灌水器对水质提出新的要求，其主要内容见表 2-3。

表 2-3　　　　　　　微灌灌水器水质评价指标

| 编号 | 水质分析指标 | 单位 | 堵塞的可能性 | | |
|---|---|---|---|---|---|
| | | | 低 | 中 | 高 |
| 1 | 悬浮固体物 | mg/L | <50 | 50～100 | >100 |
| 2 | 硬度 | mg/L | <150 | 150～300 | >300 |
| 3 | 不明固体 | mg/L | <500 | 500～2000 | >2000 |
| 4 | pH 值 | | 5.5～7.0 | 7.0～8.0 | >8.0 |

续表

| 编号 | 水质分析指标 | 单位 | 堵 塞 的 可 能 性 | | |
|------|------|------|------|------|------|
| | | | 低 | 中 | 高 |
| 5 | 铁含量 | mg/L | <0.1 | 0.1~1.5 | >1.5 |
| 6 | 锰含量 | mg/L | <0.1 | 0.1~1.5 | >1.5 |
| 7 | $H_2S$含量 | mg/L | <0.1 | 0.1~1.0 | >1.0 |
| 8 | 油 | | 不能含油 | | |

**注** 本表摘自《微灌工程技术规范》（GB/T 50485—2009）。

## 2.2 水资源分析及评价

### 2.2.1 一般规定

（1）水资源评价应通过分析评价项目区的地表水、地下水资源数量、质量和水资源开发利用状况，明确项目区水资源总量和现状可利用水资源总量。

（2）水资源开发利用调查评价应通过分析供水水源的水量和水质，确定设计供水能力。有已建水源工程供水的项目区，供水能力应根据工程设计和运用情况确定；对新建、重建、扩改建水源工程，应通过片区效益分析和片区水资源平衡分析论证建设的必要性，其供水能力应根据水源类型和勘测资料确定。

（3）项目区以水量丰富的江、河、水库和湖泊为水源时，应计算分析项目区供水量占水源可供水量或来水量的百分比、年内水位变化和对下游用水的影响。

（4）项目区以小河、山溪和塘坝为水源时，应根据调查资料并参考地区水文手册或图集，分析计算设计水文年的径流量和年内分配。

（5）项目区以井、泉为水源时，应根据已有资料分析确定供水能力。无资料时，应进行抽水试验或调查，并应分析、计算确定供水能力。

（6）项目区以雨水集蓄利用工程为水源时，应根据当地降水和径流资料、水池蓄水容积及复蓄能力等，按非充分灌溉来分析确定供水能力和规模。

### 2.2.2 资料收集与整理

#### 2.2.2.1 年径流分析计算的目的及内容

1. 年径流分析计算的目的

年径流分析计算是水资源利用工程中最重要的工作之一。设计年径流是衡量工程规模和确定水资源利用程度的重要指标。通过项目区所在县（市、区）

水利、水文部门收集长系列降雨资料、径流资料，并对相关基础资料进行分析。

灌溉工程设计标准用保证率表示，反映对水资源利用的保证程度，即工程规划设计的既定目标能被满足的年数占总年数的百分比。例如，一项糖料蔗高效节水灌溉工程，有 85% 的年数可以满足规划设计确定的目标，则其保证率为 85%。

推求不同保证率的年径流量及其分配过程，就是设计年径流分析计算的主要目的。

2. 年径流分析计算的内容

（1）基本资料信息的搜集和复查。年径流分析的基本资料和信息，包括设计流域和参证流域的自然地理概况、流域河道特征、有明显人类影响的工程措施、水文气象资料以及前人分析的有关成果。其中水文资料，特别是径流资料为搜集的重点。对搜集到的水文资料，应有重点地进行复查，着重从观测精度、设计代表站的水位流量关系以及上下游的水量平衡等方面，对资料的可靠性做出评定。发现问题应找出原因，必要时会同整编单位，作进一步审查和修正。

（2）年径流量的频率分析计算。对年径流系列较长且较完整的资料，可直接进行频率分析，确定设计年径流量。对资料短缺的流域，应尽量设法延长其径流系列，或用间接方法，经过合理的论证和修正，移用参证流域的设计成果。

（3）提供设计年径流的时程分配。在设计年径流量确定以后，参照本流域或参证流域代表年的径流分配过程，确定年径流在年内的分配过程。

（4）对分析成果进行合理性检查。包括检查分析计算的主要环节，与以往已有设计成果和地区性综合成果进行对比等，对设计成果的合理性做出论证。

## 2.2.2.2  有较长系列时设计年径流频率分析

所谓较长年径流系列是指设计代表站断面或参证流域断面有实测径流系列，其长度不小于规范规定的年数，即不应小于 20 年。如实测系列少于 20 年，应设法将系列加以延长，如系列中有缺测资料，应设法予以插补；如有较明显的人类活动影响，应进行径流资料的还原工作。

1. 年径流系列的一致性和代表性分析

（1）年径流系列的一致性分析。应用数理统计法进行年径流的分析计算时，一个重要的前提是年径流系列应具有代表性。就是说组成该系列的径流，都是在同样的气候条件、同样的下垫面条件和同一测流断面上获得的。其中气候条件变化极为缓慢，一般可以不加考虑。人类活动影响下垫面的改变，有时却很显著，是影响资料一致性的主要因素，需要重点进行考虑。测量断面位置有时可能发生变动，当对径流量产生影响时，需改正至同一断面的数值。影响径流的人类活动，主要是蓄水、供水、水土保持以及跨流域引水等工程的大量兴建。大坝蓄水工程，主要是对径流进行调节，将丰水期的部分流量存起来，在枯水期有计划地下泄，满足下游用水的需要。一般情况下，水库对年径流量的影响较小，而对径流的年内分配影响很大。供水工程主要向农业、工业及居民生活提供水量，其中尤以灌溉用水所占比重较大。但供水中的一部分水量，仍流回原流域，称回归水，分析时应予注意。可见，在工程水文中，很多情况下需要考虑人类活动的影响，特别是在年径流分析计算中，需要考虑径流的还原计算，把全部系列建立在同一基础上。

（2）年径流系列的代表性分析。年径流系列的代表性是指该样本对年径流总体的接近程度，如接近程度较高，则系列的代表性较好，频率分析成果的精度较高，反之较低。因此，在进行年径流频率分析之前，还应进行系列的代表性分析。样本代表性的高低，可通过对二者统计数据的比较加以判断，但总体分布是未知的，无法直接进行对比，只能根据人们对径流规律的认识以及与更长径流、降水等系列对比，进行合理性分析与判断。常用的方法如下：

1）进行年径流的周期性分析。对于一个较长的年径流系列，应着重检验它是否包括了一个比较完整的水文周期，即包括了丰水段（年组）、平水段和枯水段，而且丰、枯水段大致是对称分布的。一般说来，径流系列越长，其代表性就越好，但也不尽然。如系列中的丰水段数多于枯水段数，则年径流可能偏丰，反之可能偏低。去掉一个丰水段或枯水段径流资料，其代表性可能更好。又如，有的测站1949年以前的观测精度较低，20世纪50年代初期，曾大量使用这些资料，但随着观测期的不断增加，可能已不再使用这些资料，且代表性可能更好一些。但是对去掉部分资料的情况，应特别慎重对待，须经充分论证后决定取舍。一个较长的水文周期，往往需要几十年的时间，在条件许可时，可以在水文相似区内，进行综合性年径流或年降水周期分析工作，并结合历史旱涝分析文献，做出合理的判断。

2）与更长系列参证变量进行比较。参证变量系指与设计断面关系密切的水文气象要素，如水文相似区内其他测站观测期更长，并被论证有较好代表性的年径流或年降水系列。设参证变量的系列长度为 $N$，设计代表站年径流系列长度为 $n$，且 $n$ 为二者的同步观测期。如果参证变量的 $N$ 年统计特征（主要是均值和变差系数）与其自身 $n$ 年的统计特征接近，说明参证变量的 $n$ 年系列在 $N$ 年系列中具有较好的代表性。又因设计断面年径流与参证变量有较密切的关系，从而也间接说明在设计断面 $n$ 年的年径流系列也具有较好的代表性。

2. 年径流的频率分析

（1）选择。当年径流资料经过审查、插补延长、还原计算和资料一致性和代表性论证以后，应按逐年逐月统计其径流量，组成年径流系列和月径流系列，但须注意的是搜集到的资料是按日历年分界的，即每年1—12月为一个完整的年份。而在水利工程中，为便于水资源的调度运用，常常用另一种分界的方法，称水利年度。它不是从 1 月开始，而是将水库调节库容的最低点（汛期某一月份，各地根据入汛的迟早具体确定）作为一个水利年度的起始点，周而复始加以统计，建立起一个新的年径流系列。当年径流系列较长时，用上述两种系列做出的频率分析成果是很接近的。

（2）线性与参数估算。经验表明，广西大多数河流的年径流频率分析，可以采用 P-Ⅲ型频率分布曲线，但规范同时指出，经分析论证亦可采用其他线型。

P-Ⅲ型年径流频率曲线有 3 个参数，其中均值 $\bar{x}$ 一般直接采用矩法计算值；变差系数 $C_v$ 可先用矩法估算，并根据适线拟合最优的准则进行调整，偏差系数 $C_s$ 一般不进行计算，而直接用 $C_v$ 的倍比，绝大多数径流成果为 $C_s = (2 \sim 3)C_v$。在进行频率适线和参数调整时，可侧重考虑平、枯水年份年径流点群的趋势。

（3）参数的定量应注意参照地区综合分析成果。对中小流域设计断面径流系列计算的统计参数，有时也会带有偶然性。因此在有条件时，应注意和地区综合分析的统计参数成果进行合理性比较，特别是在系列较短时尤应注意。目前，广西已经制定各地区的中小年径流深和 $C_v$ 的等值线图，可以作为重要的参考资料。

### 2.2.2.3　短缺资料时设计年径流频率分析

短缺径流资料的情况可分为两种：一种是设计代表站只有短系列径流实测资料（$n < 20$ 年），其长度不能满足规范的要求；一种是设计断面附近完全没有径流实测资料。对于前种情况，工作重点是设法展延径流系列的长度；对后一种情况，主要是利用年径流统计参数的地理分布规律，间接地进行年径流估算。

1. 有较短年径流系列时设计年径流频率分析计算

对只有较短年径流系列时设计年径流频率分析计算，关键是展延年径流系列的长度。方法的实质是寻求与设计断面径流有密切关系并有较长观测系列的参证变量，通过设计断面年径流与其参证变量的相关关系，将设计断面年径流系列适当地加以延长至规范要求的长度。当年径流系列适当延长以后，其频率分析方法与有较长系列时设计年径流（或降雨）频率分析所述完全一样。

参证变量应具备的条件：①参证变量与设计断面径流量在成因上有密切关系；②参证变量与设计断面径流量有较多的同步观测资料；③参证变量的系列有较好的代表性。

展延年径流系列主要有两种方法：①展延利用上下游或邻近河流测站实测径流资料，延长设计断面的径流系列；②利用年降水资料延长设计断面的年径流系列。在一些小流域内，有时流域内没有长系列降水量观测资料，而在流域以外不远处有长系列降水量观测资料，也可以试用上述办法。

2. 缺乏实测径流资料时设计年径流的估算

在部分中小设计流域内，有时只有零星的径流观测资料，且无法延长其系列，甚至完全没有径流观测资料，则只能利用一些问题的方法，对其设计径流量进行估算。采用这类方法的前提是设计流域所在的区域内，有水文特征值的综合分析成果，或在水文相似区内有径流系列较长的参证站可资利用。

一般常用的方法主要有参数等值线图法、经验公式法和水文比拟法。这里主要介绍常用的参数等值线图法和水文比拟法。

（1）参数等值线图法。广西已绘制了水文特征值等值线图和表，其中年径流深等值线图及等值线图 $C_V$，可供中小流域设计年径流估算时直接采用。

1）年径流均值的估算。根据年径流深均值等值线图，可以查得设计流域年径流深的均值，然后乘以流域面积，即得设计流域的年径流量。如果设计流域内有多年年径流深等值线，可以用面积加权法推求流域的平均径流深，见图 2-1。计算公式为

$$R = \sum_{i=1}^{n} R_i A_i \Big/ \sum_{i=1}^{n} A_i \qquad (2-1)$$

式中　$R_i$——分块面积的平均径流深，mm；

　　　$A_i$——分块面积，km$^2$；

　　　$R$——流域平均径流深，mm。

其中流域顶端的分块，可能分在流域以外的一条等值线之间。在小流域中，流域内通过的等值线很少，甚至没有一条等值线通过，可按通过流域重心的直线距离比例内插法，计算流域平均径流深，见图 2-2。

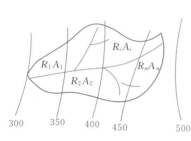

图 2-1　用面积加权法求流域
平均径流深

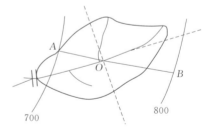

图 2-2　用直线内插法推求流域
平均径流深

首先绘出通过流域长短轴的两条垂线，其交点 $O$ 即近似地位于流域的重心位置。通过 $O$ 点作大致垂直于 700mm、800mm 两条等值线的直线，交点分别为 $A$、$B$，则流域的平均径流深为年径流深均值确定以后，可通过下列关系确定年径流量：

$$W = KRA \qquad (2-2)$$

式中　$W$——年径流量，m$^3$；

$R$——流域平均径流深，mm；

$A$——分块面积，$km^2$；

$K$——单位换算系数，使用上述各单位时，$K=1000$。

2）年径流 $C_V$ 值的确定。可通过等值线图查算，方法与年径流均值估算方法类似，但可更简单一点，即按比例内插流域重心的 $C_V$ 值就可以了。

3）年径流 $C_S$ 值的确定。一般采用 $C_V$ 的倍比。按照规范规定采用 $C_S = (2\sim3)C_V$。

在确定年径流均值、$C_V$、$C_S$ 后，便可借助于 P-Ⅲ型频率曲线表，绘制出年径流的频率曲线，确定设计频率的年径流值。

（2）水文比拟法。水文比拟法是无实测资料流域移置（经过修正）水文相似区内相似植被的实测水文特征的常用方法。特别适用于年径流的分析估算。当设计断面缺乏实测径流资料时，但其上下游或水文相似区内有实测水文资料可以选作参证站时，可采用水文比拟法估算设计年径流。

水文比拟法的要点是将参证站的径流特征值，经过适当的修正后移用于设计断面。进行修正的参变量，常用流域面积和多年平均降水量，其中流域面积为主要参变量，二者应比较接近，通常以不超过 15% 为宜，如径流的相似性较好，也可以适当放宽上述限制。当设计流域无降水资料时，也可不采用降水参变量。年径流移置的形式如下：

$$\bar{Q} = K_1 K_2 \bar{Q}_C \qquad (2-3)$$

其中

$$K_1 = A/A_C, \quad K_2 = \bar{P}/\bar{P}_C$$

式中　$\bar{Q}$、$\bar{Q}_C$——设计流域和参证流域的多年平均流量，$m^3/s$；

$K_1$、$K_2$——流域面积和年降水量的修正参数；

$A$、$A_C$——设计流域和参证流域的流域面积，$km^2$；

$\bar{P}$、$\bar{P}_C$——设计流域和参证流域的多年平均降水量，mm。

如果参证站已有年径流分析成果，也可以用式（2-4），将参证站的设计年径流直接移用于设计流域。

$$Q_P = K_1 K_2 Q_{P,C} \qquad (2-4)$$

式（2-4）中，下标 $P$ 代表频率，其他符号的意义同前。

水文比拟法成果的精度，取决于设计流域和参证流域的相似程度，特别是植被下垫面的情况要比较接近。

当设计断面有不完整的径流资料时，如只有少数几年的年径流资料或只有若干年的汛期或枯水期的径流资料，且不足据以延长年径流系列所需长度，但仍应充分加以利用，如与参证站的同步径流资料点绘，可以进一步论证二者的径流相似程度。

### 2.2.3　河流可供水量计算

（1）当糖料蔗高效节水灌溉项目区以水量丰富的江、河、水库和湖泊为水源时（表2-4）。可不作供水量计算，但必须进行年内水位变化、项目区用水量所占比重和水质分析。

表 2-4　　　　　　　　　　广西水资源分区及名称

| 一 级 | 二 级 | 三 级 | 四 级 |
|---|---|---|---|
| 长江 | 洞庭湖水系 | 资水冷水江以上 | 资水 |
| | | 湘江衡阳以上 | 湘江 |
| 珠江 | 南北盘江 | 南盘江 | 南盘江（黔桂部分） |
| | 红柳江 | 红水河 | 红水河上游 |
| | | | 红水河中游 |
| | | | 红水河下游 |
| | | 柳江 | 柳江上游（榕江以下） |
| | | | 龙江 |
| | | | 柳江中游 |
| | | | 柳江下游 |
| | 郁江 | 右江 | 右江上游 |
| | | | 右江下游 |
| | | 左江及郁江干流 | 左江 |
| | | | 郁江干流 |
| | 西江 | 桂贺江 | 桂江 |
| | | | 贺江 |
| | | 黔浔江及西江（梧州以下） | 黔浔江 |
| | | | 北流江 |
| | 北江 | 北江大坑口以下 | 绥江 |
| | 粤西桂南沿海诸河 | 粤西诸河 | 鉴江 |
| | | | 九洲江 |
| | | | 雷州半岛诸河 |
| | | 桂南诸河 | 南流江 |
| | | | 其他独流入海诸河 |
| 西南诸河 | 红河 | 盘龙江 | 南利河及百都河 |

（2）对于直接从河流上提水的项目区，如果是无调节能力的引水河坝，时

段内河坝可供水量计算，既要考虑时段内河坝来水量约束，也需考虑取水口取水能力约束。取式（2-5）和式（2-6）的最小值，即

$$W_{hi} = W_{ri}y \tag{2-5}$$

$$W_{hi} = W_{ki} \tag{2-6}$$

式中　$W_{hi}$——第 $i$ 时段引水河坝可供灌溉水量，万 $m^3$；

　　　$W_{ri}$——第 $i$ 时段河坝产水量，万 $m^3$；

　　　$W_{ki}$——第 $i$ 时段引水河坝取水口可取水能力，万 $m^3$；

　　　$y$——灌溉期河坝来水可引用系数。

### 2.2.4　大中型水库可供水量计算

有实测径流资料的水库，可直接采用入库径流系列的资料。无径流资料，但有流域降雨资料的，可采用月径流系数推求，即

$$W_i = AR_iP_i/10 \tag{2-7}$$

式中　$W_i$——第 $i$ 时段入库水量，万 $m^3$；

　　　$P_i$——第 $i$ 时段流域平均雨量，万 $m^3$；

　　　$R_i$——第 $i$ 时段流域径流系数；

　　　$A$——水库集雨面积，$km^2$。

### 2.2.5　小型水库兴利库容及可供水量计算

（1）兴利库容估算。小型水库的兴利库容 $V_兴$ 一般采用设计年的降雨资料进行估算，其计算公式为

$$V_兴 = \beta W_0 = \frac{1}{10}\beta \bar{y}F \tag{2-8}$$

式中　$\beta$——库容系数，一般为 0.7~0.9；

　　　$W_0$——多年平均径流量，万 $m^3$；

　　　$\bar{y}$——多年平均径流深，mm；

　　　$F$——水库的集雨面积，$km^2$；

　　　$\frac{1}{10}$——单位换算系数。

（2）可供水量计算。小型水库一般缺乏实测降雨、径流资料，其入库径流系列可采用附近有实测资料的水库径流系列，按面积比拟法进行推求：

$$W_{xi} = W_{Di}\frac{F_1}{F_2}\frac{P_{xi}}{P_{Di}} \tag{2-9}$$

式中　$W_{xi}$、$P_{xi}$、$F_1$——小型水库、山塘第 $i$ 时段产水量、降雨量及其集雨面积；

　　　$W_{Di}$、$P_{Di}$、$F_2$——参考水库第 $i$ 时段产水量、降雨量及其集雨面积。

### 2.2.6 山塘可供水量计算

山塘产水量计算还可采用复蓄次数法、抗旱天数法或塘坝径流法推算。

（1）复蓄次数法：

$$W_i = KV_i \qquad (2-10)$$

式中　　$W_i$——山塘产水量，万 $m^3$；

　　　　$K$——复蓄次数，其数值可通过调查取得；

　　　　$V_i$——山塘有效容积，万 $m^3$。

（2）抗旱天数法。抗旱天数是指塘坝的蓄水量，在连续不降雨的情况下，能满足所辖灌溉面积作物需水要求的天数。它综合反映了塘坝的抗旱能力，即供水量的大小。通过对干旱年份的调查，收集项目区内塘坝的抗旱天数 $t$ 及糖料蔗田间耗水强度 $e$（mm/d），可用式（2-11）估算塘坝的供水量 $W$（$m^3$）。

$$W = 0.667teF \qquad (2-11)$$

式中　　$W$——塘坝可供水量，$m^3$；

　　　　$t$——抗旱天数，d；

　　　　$e$——作物耗水强度，mm/d；

　　　　$F$——塘坝控制的灌溉面积，亩。

（3）径流法。塘坝的供水量可由设计年的月降雨量和径流的关系进行估算，即

$$W = 0.667YF\eta \qquad (2-12)$$

式中　　$W$——塘坝逐月供水量，$m^3$；

　　　　$Y$——逐月径流深，mm；

　　　　$F$——塘坝集雨面积，亩；

　　　　$\eta$——塘坝水利用系数，反映塘坝的渗漏、蒸发、弃水等水量损失情况，一般为 0.5 左右。

工程实践中在计算塘坝供水量时，一般是将几种估算方法的计算结果，通过分析比较进行。

### 2.2.7 河坝可供水量计算

河坝引水量与河坝截引面积的大小、年径流及其分配过程等有关，可用式（2-13）进行计算：

$$W = \frac{1}{10}Fy\eta \qquad (2-13)$$

式中　　$W$——河坝的引水量，万 $m^3$；

$y$——多年平均径流深，mm;

$F$——水库的集雨面积，km$^2$;

$\eta$——径流利用系数，与月径流的大小、河坝及引水渠道等有关，一般采用 0.6~0.8;

$\dfrac{1}{10}$——单位换算系数。

### 2.2.8　集雨水柜可供水量计算

集雨水柜可供水量可按式（2-14）进行计算：

$$W = \sum_{i=1}^{n} S_i k_i P_P / 1000 \qquad (2-14)$$

式中　$W$——保证率等于 $P$ 的年份单位全年可集水量，m$^3$;

$S_i$——第 $i$ 种材料集流面的集流面积，m$^2$;

$P_P$——保证率为 $P$ 时全年降雨量，mm;

$k_i$——第 $i$ 种材料集流面的集流效率;

$n$——材料种类数。

### 2.2.9　地下水可供水量计算

地下水水量评价的任务是通过计算，分析不同的资源量，而后确定允许开采量，并对能否满足用水部门需要以及有多大保证率做出科学评价。常用的分析方法有区域均衡法、非稳定流计算法和相关分析法。由于广西岩溶地区地下水比较复杂，要列出各个要素，根据上述方法分析地下水可供水量非常困难。因此，在地下水分析时主要通过抽水试验来估算。抽水试验时，一般只做一次大降深抽水，水位稳定延续时间松散层地区不少于 8h;基岩地区贫水区和水文地质条件不清楚的地区水位稳定延续时间应适当延长，有特殊要求的管井应做 3 次降深抽水试验，抽水应达到设计出水量;如限于设备条件不能满足要求时，亦应不低于设计出水量的试验，抽水终止前应采取水样进行水质分析。

平原区地下水可开采量可根据入渗补给量估算，入渗补给量主要包括降水入渗补给量、侧向补给量以及灌溉回归补给量等。

（1）降水入渗补给量：

$$W_1 = 1000\alpha P A \qquad (2-15)$$

式中　$W_1$——降水入渗补给量，m$^3$;

$\alpha$——入渗系数，从当地水文地质资料中查选;

$P$——设计年降水量，mm;

$A$——补给地下水面积，km$^2$。

（2）侧向补给量。侧向补给量是影响浅层地下水储量的因素之一。根据区域均衡法原理将项目区作为一个储水整体，计算一年内区域边界补给或排泄的水量，计算公式如下：

$$W_2 = 365Kh_{合}LJ \tag{2-16}$$

式中　$W_2$——侧向补给量，$m^3$；

　　　$K$——含水层渗透系数，$m/d$；

　　　$h_{合}$——补给区中地下水含水层厚度，$m$；

　　　$L$——补给区边界长度，$m$；

　　　$J$——补给区地下水水力坡度。

（3）灌溉回归补给量：

$$W_3 = \beta MA \tag{2-17}$$

式中　$W_3$——灌溉回归补给量，$m^3$；

　　　$\beta$——灌溉回归系数，从当地水文地质资料中查选；

　　　$M$——灌溉定额，$m^3/hm^2$；

　　　$A$——补给地下水面积，$hm^2$。

（4）地下水可开采量。地下水可开采量一般就是地下水总补给量，即

$$W = W_1 + W_2 + W_3 \tag{2-18}$$

## 2.3　工程规模

在项目规划、建设方案设计阶段，应先进行水土平衡分析，以确定合理的工程规模。当水源为河流、水库、山塘等地表水时，应同时考虑水源水量和经济等方面的因素确定项目区面积；当水源为地下水时，应根据机井可供水量确定最大可能的灌溉面积。具体可依据收集到的基本资料用下列方法计算。

（1）河、渠类水源。在水源供水流量稳定且无调蓄时，可按式（2-19）确定工程规模，称为"以水定地"。反之，工程规模已定，可求得系统供水流量，这种情况称为"以地定水"。

$$A = \frac{\eta Q_0 t_d}{10I_a} \tag{2-19}$$

式中　$A$——灌溉面积，$hm^2$；

　　　$Q_0$——水源可供水量，$m^3/h$；

　　　$I_a$——设计供水强度，$mm/d$；

　　　$t_d$——水泵日供水小时数，$h/d$；

　　　$\eta$——灌溉水利用系数。

（2）塘坝类水源。在水源有调蓄能力且调蓄容积已定时，工程规模可按式（2-20）计算：

$$A = \frac{\eta_0 KV}{10 \sum I_i T_i} \qquad (2-20)$$

式中　$A$——灌溉面积，$hm^2$；

　　　$K$——复蓄次数，取 1.0～1.4；

　　　$V$——蓄水容积，$m^3$；

　　　$I_i$——灌溉季节各月的毛供水强度，$mm/d$；

　　　$T_i$——灌溉季节各月的供水天数。

（3）井水。一般深井出流比较稳定，工程规模可按式（2-21）计算：

$$A = \frac{Q_j t}{10 E_{a\max}} \qquad (2-21)$$

式中　$A$——灌溉面积，$hm^2$；

　　　$Q_j$——水井出水流量，$m^3/h$；

　　$E_{a\max}$——月平均作物耗水量峰值，$mm/d$；

　　　$t$——水井每天抽水时数。

（4）泉水。由于山泉流量小，必须经过调蓄才能满足灌溉用水要求，工程规模可按式（2-22）计算：

$$A = \frac{2.4 Q_q}{I_g} \qquad (2-22)$$

式中　$A$——灌溉面积，$hm^2$；

　　　$Q_q$——可供灌溉的泉水流量，$m^3/h$；

　　　$I_g$——灌溉季节毛用水强度，$mm/d$。

# 3  灌溉方式与工程布局

## 3.1  灌溉方式

糖料蔗高效节水灌溉方式主要有低压管灌、喷灌、微灌等，其中，低压管灌包括田间畦灌（沟灌）、软管浇灌；喷灌包括固定管道式机组、半固定管道式机组、移动管道式机组、定喷式机组、行喷式机组；微灌包括滴灌、微喷灌、涌泉灌等。

糖料蔗高效节水灌溉工程应根据项目区水源、地形地貌、土壤、间种作物、耕作方式、动力资源以及当地群众意愿和项目建成后的管理水平等条件因地制宜地选择灌溉方式。

（1）项目建成后为分散农户经营管理的，宜采用低压管灌方式或半固定式喷灌（可配轻小型喷灌机组）。其中：田间地面较为平坦、供水能力大、用水成本较低的蔗区，宜采用给水栓出水、田间沟灌的方式；田间地形起伏较大，利用管道输水结合施肥、喷药的，宜采用给水栓接软管浇灌的方式或半固定式喷灌（可配轻小型喷灌机组）。

（2）项目建成后为专人集中经营管理的，宜选择微灌方式或固定管道式喷灌方式。其中：作物单一、采用集中经营管理的蔗区，宜采用滴灌；水源水量丰富、套种其他作物的蔗区，宜采用微喷灌或喷灌；若水质难以达到滴灌的要求时，可采用涌泉灌或喷灌；对于丘陵地区零星、分散耕地，水源较为分散、无电源或供电保证程度较低的蔗区，可采用定喷式机组中的轻小型机组作为补充。

## 3.2  工程布局

首部枢纽通常与水源工程布置在一起，但若水源工程距项目区较远，也可单独布置在项目区附近或项目区中间；当有几个可以利用的水源时，应根据水源的水量、水位、水质以及灌溉工程的用水要求进行综合考虑，通常在满足灌溉用水量和水质要求的情况下，选择距项目区最近的水源。

（1）糖料蔗高效节水灌溉工程的输水系统和配水系统应分开布设。有条件修建高位水池的尽量采用高位水池方式输水，分区分压设置高位水池；对于兼起调蓄作用的水池，当水池为完全调节时，其容积应满足系统作物一次关键灌水的要求；当水池为部分调节时，其容积按系统作物一次关键灌水的需水量与相应时段来水量的差值确定；无调蓄作用的水池，其有效容积取 2～4h 的灌溉用水量（设计用水量大时取较小值、设计用水量小时可取较大值）。

（2）首部枢纽及与其相连的蓄水和供水建筑物的位置，应根据地形地质条件确定，必须有稳固的地质条件，并尽可能使输水距离最短。在需建沉淀池的项目区，可以与蓄水池结合修建。

（3）规模较大的首部枢纽，除应按有关标准合理布设泵房、闸门以及附属建筑物外，还应布设管理人员专用的工作及生活用房和其他配套设施，并与周围环境相协调。

（4）灌溉管网应根据水源位置、地形、地块等情况分级，一般应由干管、支管和毛管三级组成。灌溉面积大的可增设总干管、分干管，面积小的也可只设两级。

（5）管网布置应紧密结合水源位置、道路、林带、灌溉明渠和排水沟以及供电线路等统筹安排，以适应机耕和农业技术措施的要求。

（6）管道系统布置应使管道总长度短，少穿越其他障碍物。输配水管道沿地势较高位置布置，微灌毛管上级管路垂直于作物种植行布置，微灌毛管顺作物种植行布置，喷灌支管沿等高线布置，移动式管道应根据作物种植方向、机耕等要求铺设，避免横穿道路。管道的纵坡应力求平顺，减少折点和起伏；若管线布置有起伏时，应避免管道内产生负压。各级管道应尽可能采用双向供水。

（7）在平原台地区，应充分利用地面坡降，支管应尽量垂直等高线布置；在山丘丘陵区，地面坡度较陡时，支管布置应平行等高线。田间最末一级管道，其布置走向应与作物种植方向及耕作方向一致。

（8）支管以上各级管道的首端宜设控制阀，在干、支管的末端应设冲洗排水阀，地埋滴灌的支管控制阀后应设置真空破坏阀，在管道起伏的高处、顺坡管道上端阀门的下游、逆止阀的上游，均应设进、排气阀。对于自动灌溉系统应在支管进口处安装电磁阀。在地埋管道的阀门处应设阀门井。

（9）灌溉系统工作制度，应根据系统大小、作物种类、水源条件、管理模式和经济状况等因素合理选择。

1）灌溉面积较小、种植作物单一的项目区，可采用续灌。

2）灌溉面积较大、集中管理的项目区，宜采用分区轮灌。

3）灌溉面积较大、农户分散经营管理的项目区，宜采用分区随机供水。

（10）为便于运行操作和管理，一个轮灌组、灌水小区管辖的范围宜集中连片，轮灌顺序可通过协商自上而下或自下而上进行。

（11）轮灌组、灌水小区划分应结合以下原则进行：

1）每个轮灌组控制的面积应尽可能相等或接近，以便水泵工作稳定，提高动力机和水泵的效率，减少能耗。

2）轮灌组、灌水小区的划分应照顾农业生产和田间管理的要求，尽可能减少农户之间的用水矛盾。

3）手动控制时，可能情况下，应分散干管流量并尽量减少轮灌次数，一个灌水小区控制的面积不宜太小，一般宜为 $20\sim33.33hm^2$（300~500 亩）。

4）自动控制时，为减少输水干管段的流量，宜采用插花操作的方法划分轮灌组。

（12）灌水小区进口宜设有压力（流量）控制（调节）设备。灌水小区未设压力（流量）控制（调节）设备时，应将一个轮灌组视为一个灌水小区。

## 3.3　管道系统布置

（1）微灌毛管应结合以下原则布置：

1）滴灌一般采用工厂定型生产的毛管和滴头合为一体的薄壁滴灌带或滴灌管，滴头通常等间距 20~40cm 布设。

2）滴灌带、滴灌管布置主要取决于滴灌作物栽培模式，滴灌带、滴灌管一般铺设于地表（地面式），也可将滴灌带、滴灌管浅埋（地埋式，地埋深度不大于 20cm）。

3）作物栽培应突破地面灌情况下的传统栽培模式，微灌尽可能采用宽窄行，适当调整株行距，加大滴灌带铺设间距，目前宽窄行设计一般为 1.20m＋0.60m，布置时应根据当地机械耕作要求相应调整。

4）实施科学合理的栽培模式和灌溉制度，甘蔗与其他作物间种时，在中壤土和黏土上一条微喷带可向 4 行作物供水。轻质土情况下，一般只设计成一条滴灌带（微喷带）向两行作物供水。

（2）支管应结合以下原则布置：

1）支管长度不宜过长，应根据支管铺设方向的地块长度合理调整决定。

2）支管的间距取决于微灌毛管的铺设长度和喷灌的喷头射程，在可能的情况下微灌应尽可能加长毛管长度，喷灌充分利用喷头工作压力，以加大支管间距。

3）地面支管宜采用薄壁 PE 管材。

4）采用 PVC 的支管应埋入地下，并满足有关防损和排水要求。

5）微灌在均匀坡双向毛管布置情况下，微灌支管尽量布设在能使上、下坡毛管上的最小压力水头相等的位置上。

6）喷灌支管布置应充分利用山坡自然水头，按压力分区选配不同压力的喷头。

（3）干管应结合以下原则布置：

1）干管级数应因地制宜地确定，加压系统的干管级数不宜过多。

2）地形平坦时，根据水源位置应尽可能采取双向分水布置形式；垂直于等高线布置的干管，也尽可能对下一级管道双向分水。

3）干管布置应尽量顺直，总长度最短，在平面和立面上尽量减少转折。

4）尽量少穿越障碍物，不得干扰光缆、油、气等线路。

5）在需要与可能的情况下，输水总干管可以兼顾其他用水要求。

（4）管网布置形式、规格、要求如下：

1）平原台地区田间固定管道（到支管）长度：管灌宜为 $90\sim150\mathrm{m/hm^2}$，喷灌和微灌宜为 $190\sim250\mathrm{m/hm^2}$；山区丘陵区田间固定管道长度：管灌宜为 $190\sim250\mathrm{m/hm^2}$，喷灌和微灌宜为 $290\sim350\mathrm{m/hm^2}$。

2）支管布置间距宜采用 $50\sim200\mathrm{m}$，单向灌水时取小值，双向灌水时取大值。

3）平原台地区宜采用典型树枝状管网的布置形式（图 3-1）。

图 3-1

4）山区丘陵区干管宜沿山脊或中间高顺坡布置，支管宜垂直等高线布置，支管间距宜为 $100\sim200\mathrm{m}$，分别如图 3-2～图 3-7 所示。

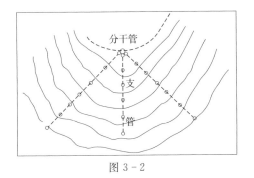

图 3-2

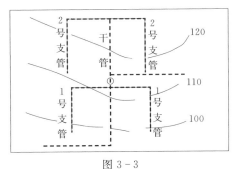

图 3-3

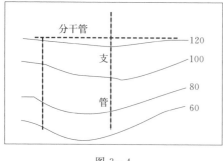

图 3-4

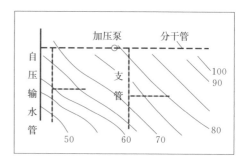

图 3-5

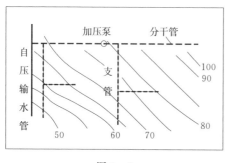

图 3-6

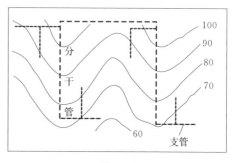

图 3-7

5）主过滤器以下至田间的管道应采用塑料管与塑料管件，管道公称压力应满足设计要求。

6）管网压力分布差异较大时，可结合地形条件进行压力分区，采用不同压力等级的管材，管材内径 300mm 以上不宜采用 PVC-U 管。

7）固定管道为 PE 管、PVC-U 管和玻璃钢管等塑料管材时，应埋入地下，管道埋深应根据地面荷载和机耕要求确定，干、支管管顶覆土厚度应不小于 700mm。

8）固定管道为钢管时，应铺设于地表，设置镇墩，镇墩之间安装伸缩节；铺设在松软地基或有可能发生不均匀沉降地段的刚性管道，应对管基进行处理。

9）移动管、地表管道除应满足耐水压要求外，尚应具有足够的机械硬度。

10）管道连接方式及连接件应根据管道类型和材质选择，连接部件的额定工作压力和机械强度不得小于所连接管道的额定工作压力和机械强度。

11）对于易锈蚀的管道，应进行防锈处理；使用过程中暴露于阳光下的塑料管道，应含有抗紫外线添加剂。

12）管网沿途所设置的进排气阀通气面积的折算直径不应小于管道直径的 1/4。地埋滴灌的支管控制阀后真空破坏阀的进气量应为所在支管控制流量的

1/10。

（5）管道系统应按以下要求进行综合布置和设计优化：

1）在规范规定比例尺的地形图上同时进行干管、支管布置设计。

2）在灌水器选定情况下，根据田块实际情况，因地制宜布设支管，进行灌水小区设计并优化。

3）在灌溉工程总体布置的基础上，根据灌溉系统首部枢纽的位置和灌水小区的设计，在地形图上按干管布置的一般原则进行布置，规划 2～3 个布置方案。

4）对规划的布置方案进行技术经济比较，根据工程造价、运行费用、管理是否方便等进行综合比较，择优选出采用方案（推荐方案）。

# 4 设计灌溉制度与技术参数

**糖料蔗高效节水灌溉设计参数**

糖料蔗高效节水灌溉设计应根据不同地区的实际情况而定，其主要参数包括工程灌溉设计保证率、作物需水量、作物耗水强度、土壤湿润比、灌水均匀度、灌溉水利用系数、土壤物理性质等。在规划设计中正确确定规划设计参数是获得合理设计方案的关键，其取值的准确性直接影响工程投资、运行管理费用和灌水质量，决定着工程效益。

（1）工程灌溉设计保证率。高效节水灌溉的工程设计保证率由地面灌溉引申而来。地面灌溉系统通过一套专门的设备实现灌溉，作物需水要求的满足程度不仅与水源水量有关，而且与系统灌溉能力和设备的完好程度有关，此时工程灌溉设计保证率包含水源来水量的保证程度和灌溉设备的保障程度两个方面。规范规定：喷灌工程在以地下水为水源的情况下其工程灌溉设计保证率不应低于90%，其他情况下工程灌溉设计保证率不应低于85%；微灌工程灌溉设计保证率不应低于85%。

（2）作物需水量。作物需水量包括作物蒸腾量和棵间土壤蒸发量。估算方法很多，主要常用的估算方法包括根据自由水面蒸发量估算作物需水量和根据参考作物蒸发量估算作物需水量。

（3）作物耗水强度。作物耗水强度是确定灌溉系统最大输水能力的依据，设计耗水强度越大，系统的输水能力越高，但系统投资也就越高，反之亦然。

（4）土壤湿润比。土壤湿润比是指湿润土体体积与整个计划湿润层土体的比值。土壤湿润比取决于作物、灌水器流量、灌水量、灌水器间距和土壤特性。对于糖料蔗而言，通常设计的计划湿润层土体深度为40cm，土壤湿润比就以地面以下20～40cm处的平均湿润面积与作物种植面积的百分比表示，也就是把地面以下20～40cm处的湿润面积近似作为计划湿润层内湿润土体的平均面积。

　　（5）灌水均匀度。灌水均匀度是指灌溉范围内田间土壤湿润的均匀程度。为了保证灌水质量和提高水的利用效率，要求灌溉系统灌水均匀。影响灌水均匀度的因素很多，如灌水器工作压力的变化、灌水器的制造偏差、灌水器的堵塞情况、水温变化、微地形变化等。目前在设计灌溉工程时，常规考虑的只有水力（工作压力的变化）和灌水器的制造偏差两种因素对均匀度的影响。规范明确规定：微灌工程灌水器的制造偏差系数不宜大于 0.07；定喷式喷灌系统喷灌均匀系数不应低于 0.75，行喷式喷灌系统不应低于 0.85；微灌不低于 0.95。

　　（6）灌溉水利用系数。灌溉水利用系数是指通过灌溉系统灌入田间土壤的有效净水量与首部引进的总水量的比值。GB/T 50485—2009《微灌工程技术规范》对灌溉水利用系数进行了明确规定：滴灌不应低于 0.9，微喷灌、小管出流不应低于 0.85。

　　（7）土壤物理性质。土壤物理性质包括土壤质地、土壤结构。土壤质地是指在特定土壤或土层中不同大小类别的矿物颗粒的相对比例。土壤结构是指土壤颗粒在形成组群或团聚体时的排列方式。两者一起决定了土壤中水和空气的供给状况（如通气性、持水性、水分传输特性、根系穿透性、温度关系和营养特性等）。

## 4.2　糖料蔗灌溉制度计算

　　灌溉制度是指作物全生育期（对于甘蔗等多年生宿根作物则为全年）每一次灌水量、灌水时间间隔（或灌水周期）、一次灌水延续时间、灌水次数和全生育期（或全年）灌水总量。一次灌水量又称为灌水定额；全生育期（或全年）灌水总量又称为灌溉定额。

### 4.2.1　一次灌水量计算

1. 低压管灌

低压管灌工程灌水定额应根据当地灌溉试验资料确定，无资料地区可参考邻近地区试验资料确定，也可按式（4-1）计算：

$$m = 1000\gamma_s h(\beta_1 - \beta_2) \tag{4-1}$$

式中　$m$ ——设计灌水定额，$\text{m}^3/\text{hm}^2$；

　　　　$\gamma_s$ ——计划湿润层土壤干容重，$\text{kN}/\text{m}^3$；

　　　　$h$ ——土壤计划湿润层深度，m；

　　　　$\beta_1$ ——适宜含水量（重量百分比）上限；

　　　　$\beta_2$ ——适宜含水量（重量百分比）下限。

**2. 喷灌**

喷灌工程灌水定额应根据当地灌溉试验资料确定，无资料地区可参考邻近地区试验资料确定，也可按式（4-2）和式（4-3）计算：

$$m_s = 0.1\gamma h(\beta_1 - \beta_2) \tag{4-2}$$

$$m \leqslant m_s \tag{4-3}$$

式中　$m_s$——最大灌水定额，mm；

　　　　$\gamma$——土壤容重，g/cm³；

　　　　$h$——土壤计划湿润层深度，cm；

　　　　$\beta_1$——适宜含水量上限（质量分数）；

　　　　$\beta_2$——适宜含水量下限（质量分数）；

　　　　$m$——设计灌水定额，mm。

**3. 微灌**

微灌工程灌水定额应根据当地灌溉试验资料确定，无资料地区可参考邻近地区试验资料确定，也可按式（4-4）和式（4-5）计算：

$$m_{max} = 0.001\gamma z p(\theta_{max} - \theta_{min}) \tag{4-4}$$

$$m_d = TI_a \tag{4-5}$$

式中　$m_{max}$——最大灌水定额，mm；

　　　　$\gamma$——土壤容重，g/cm³；

　　　　$z$——土壤计划湿润层深度，cm；

　　　　$p$——设计土壤湿润比，%；

　　　　$\theta_{max}$——适宜土壤含水量上限（质量分数）；

　　　　$\theta_{min}$——适宜土壤含水量下限（质量分数）；

　　　　$m_d$——设计灌水定额，mm；

　　　　$I_a$——补充灌溉强度，mm；

　　　　$T$——设计灌水周期，d。

土壤容重及水分常数应根据试验资料确定，无实测资料时，可根据表4-1确定。

表4-1　　　　　广西不同土壤容重和水分常数参考值

| 土壤 | 容重 /(t/m³) | 水 分 常 数 | | | |
| --- | --- | --- | --- | --- | --- |
| | | 重量比/% | | 体积比/% | |
| | | 凋萎系数 | 田间持水量 | 凋萎系数 | 田间持水量 |
| 紧砂土 | 1.25～1.45 | — | 16～22 | — | 26～32 |
| 砂壤土 | 1.13～1.35 | 4～6 | 22～30 | 2～3 | 32～40 |

续表

| 土壤 | 容重 /(t/m³) | 水　分　常　数 | | | |
| --- | --- | --- | --- | --- | --- |
| | | 重量比/% | | 体积比/% | |
| | | 凋萎系数 | 田间持水量 | 凋萎系数 | 田间持水量 |
| 轻壤土 | 1.09～1.40 | 4～9 | 22～28 | 2～3 | 30～36 |
| 中壤土 | 1.15～1.40 | 6～10 | 22～28 | 3～5 | 30～35 |
| 重壤土 | 1.15～1.35 | 6～13 | 22～28 | 3～4 | 32～42 |
| 轻黏土 | 1.15～1.35 | 15.0 | 28～32 | — | 40～45 |
| 中黏土 | 1.17～1.30 | 12～17 | 25～35 | — | 35～45 |
| 重黏土 | 1.19～1.33 | — | 30～35 | — | 40～50 |

　　土壤计划湿润层深度，根据糖料蔗各生育期的根系生长情况调查得出，糖料蔗的适宜土壤计划湿润层深度为 0.2～0.4m。

　　设计土壤湿润比 $p$ 值取决于自然条件、作物种类、种植方向及形式、生长阶段、土壤类型，应结合当地试验资料等确定。无实测资料时宜按表 4-2 确定。

表 4-2　　　　　　　　糖料蔗设计土壤湿润比　　　　　　　　　%

| 作物 | 滴灌 | 小管出流 | 微喷灌 | 沟灌 |
| --- | --- | --- | --- | --- |
| 糖料蔗 | 40～60 | 50～70 | 60～80 | 60～90 |

糖料蔗适宜土壤含水量上下限参考值见表 4-3。

表 4-3　　　　　　糖料蔗适宜土壤含水量上下限参考值　　　　　　%

| 作　　物 | 下　　限 | 上　　限 |
| --- | --- | --- |
| 糖料蔗 | 60～70 | 70～85 |

## 4.2.2　糖料蔗设计耗水量计算

　　设计耗水量即作物蒸发蒸腾量，用 $ET_d$ 表示，可按公式（4-6）、式（4-7）或式（4-8）、式（4-9）计算：

$$ET_d = K_c ET_0 \qquad (4-6)$$

式中　　$ET_d$——作物蒸发蒸腾量，mm/d；

　　　　$K_c$——作物系数，应根据灌溉试验确定，无实测数据时，糖料蔗宜取值 0.9；

　　　　$ET_0$——参考作物蒸发蒸腾量，mm/d，应根据彭曼－蒙特斯公式计算。

$$ET_d = K_c K_p E_p \qquad (4-7)$$

式中　　$ET_d$——作物蒸发蒸腾量，mm/d，可按月、旬计算，也可按生育阶段计算；

$K_c$——作物系数，应根据灌溉试验确定，无实测数据时，糖料蔗宜取值 0.9；

$K_p$——蒸发皿蒸发量与自由水面蒸发量之比，又称"皿系数"，宜根据当地水文和气象站资料分析确定；无资料时，可取 0.6～0.8，3—8 月取较大值，9 月至次年 2 月取较小值；

$E_p$——计算时段内 $E_{601}$ 型或口径为 80 cm 蒸发皿的蒸发量，mm/d。

$$ET_d = K_r ET_0 \tag{4-8}$$

$$K_r = \frac{G_c}{0.85} \tag{4-9}$$

式中 $ET_d$——作物蒸发蒸腾量（作物耗水量），mm/d；

$K_r$——作物遮荫率对耗水量的修正系数，宜由式（4-9）计算，当数值大于 1 时，取 $K_r = 1$；

$ET_0$——参考作物蒸发蒸腾量，mm/d；

$G_c$——作物遮荫率，又称作物覆盖率，随作物种类和生育阶段而变化，对于糖料蔗，设计时宜取 0.8～0.9。

设计耗水强度除满足以上标准外，尚应符合 GB/T 50485—2009《微灌工程技术规范》中第 4.0.3 条的规定。

### 4.2.3 灌溉补充强度

当没有降雨或地下水补给时，灌溉补充强度应按式（4-10）计算；当有降雨或地下水补给时，应按式（4-11）计算：

$$I_a = ET_d \tag{4-10}$$

$$I_a = ET_d - P_0 - S \tag{4-11}$$

式中 $I_a$——灌溉补充强度，mm/d；

$ET_d$——设计耗水强度，mm/d；

$P_0$——有效降雨量，mm/d，应根据灌溉设计保证率对应年份中灌溉作物需水高峰期所在月份的降雨量计算；

$S$——根层土壤或地下水补给的水量，mm/d。

### 4.2.4 设计灌水周期

低压管灌工程、喷灌工程、微灌工程设计灌水周期宜按式（4-12）计算：

$$T = \frac{m}{I_a} \tag{4-12}$$

式中 $T$——设计灌水周期，计算值取整数，d；

$m$ ——设计灌水定额，mm；

$I_a$ ——补充灌溉强度，mm/d。

## 4.2.5　一次灌水延续时间

（1）低压管灌工程和喷灌工程一次灌水延续时间可按式（4-13）计算：

$$t = \frac{mab}{1000q\eta} \qquad (4-13)$$

式中　$t$ ——一次灌水延续时间，h；

$m$ ——设计灌水定额，mm；

$a$ ——灌水器布置间距，m；

$b$ ——支管布置间距，m；

$q$ ——灌水器流量，m³/h；

$\eta$ ——灌溉水利用系数。

（2）微灌工程一次灌水延续时间由式（4-14）确定，对于 $n_s$ 个灌水器绕植物布置时，采用式（4-15）计算：

$$t = \frac{mS_eS_l}{q_d} \qquad (4-14)$$

$$t = \frac{mS_eS_l}{n_sq_d} \qquad (4-15)$$

式中　$t$ ——一次灌水延续时间，h；

$m$ ——设计灌水定额，mm；

$S_e$ ——灌水器间距，m；

$S_l$ ——毛管间距，m；

$q_d$ ——灌水器流量，L/h；

$n_s$ ——每株植物的灌水器个数。

## 4.2.6　设计日灌水时间

（1）低压管灌工程设计日灌水时间不宜大于22h。

（2）喷灌工程设计日灌水时间不宜大于12h。

（3）微灌工程设计日灌水时间不宜大于22h。

## 4.3　广西糖料蔗灌溉制度及灌水定额的确定

### 4.3.1　滴灌

根据广西糖料蔗大部分种植区的技术参数选取值和作物种植情况，拟定灌溉方式为滴灌，灌水器流量为 2.0 L/h，滴孔间距为 500mm。工作压力一般不超过 0.4MPa，灌溉区土壤为沙质轻壤土。拟定广西糖料蔗灌溉制度及灌水定额。

#### 4.3.1.1 技术参数

（1）土壤容重 $\gamma = 1.35g/cm^3$。

（2）田间持水率 26%。

（3）适宜土壤含水量上限（重量百分比）$\beta_1 = 75\%$。

（4）适宜土壤含水量下限（重量百分比）$\beta_2 = 65\%$。

（5）土壤计划湿润层深度 40cm。

#### 4.3.1.2 灌水器选型

根据土壤、气候状况、地形等条件，毛管顺种植行布置，甘蔗采用宽窄行种植（1.2m×0.5m），在窄行甘蔗布置一条滴灌带（即毛管间距为 1.7m），毛管采用 $\phi16$ 迷宫式滴灌带，毛管平均间距为 1.7m，滴孔间距为 0.5m，设计流量为 2.0L/h，工作压力为 0.05MPa，允许铺设长度为 100m，详见表 4-4。

表 4-4　　　　　　　　　　迷宫式滴灌带性能参数表

| 型　号 | 内径<br>/mm | 壁厚<br>/mm | 滴孔间距<br>/mm | 设计流量<br>/(L/h) | 工作压力<br>/MPa |
|---|---|---|---|---|---|
| 迷宫式滴灌带 | 16 | 0.18 | 500 | 2.0 | 0.05 |

#### 4.3.1.3 灌水定额及灌溉制度的确定

1. 灌水定额

（1）种植结构。根据当地农业发展规划，项目区内种植作物为甘蔗。

（2）土壤湿润比。滴灌系统毛管布置方式为直线管布置，其滴孔间距 $S_e = 0.5m$，毛管布置于甘蔗根部，毛管间距为 1.7m。土壤湿润比按式（4-16）计算：

$$p = \frac{0.785D_w^3}{S_e S_l} \times 100\% \qquad (4-16)$$

式中　　$p$ ——土壤湿润比，%；

$D_w$ ——土壤水分水平扩散直径或湿润带宽度，m，$D_w$ 的大小取决于土壤质地、滴头流量和渗水量大小；

$S_e$ ——滴水器或出水点间距，0.5m；

$S_l$ ——毛管间距，1.7m。

根据《微灌工程技术指南》，得到本灌溉系统土壤湿润比为 65%。

（3）最大净灌水定额。根据 GB/T 50485—2009《微灌工程技术规范》，灌溉设计灌水定额可采用式（4-4）计算，计算成果见表 4-5。

表 4 - 5　　　　　　　滴灌设计净灌水定额计算成果

| 作物 | $\gamma$ | $z$ | $p$ | $\theta_{max}$ | $\theta_{min}$ | $m_{max}$ | |
|---|---|---|---|---|---|---|---|
| | g/cm³ | cm | % | % | % | mm | m³/亩 |
| 甘蔗 | 1.35 | 40 | 85 | 19.5 | 16.9 | 9.13 | 6.09 |

2. 灌溉制度

（1）糖料蔗设计耗水量（即作物蒸发蒸腾量，$ET_d$）按式（4-7）计算。

经计算，得出糖料蔗设计耗水量为 4.3mm/d。

设计耗水强度除满足以上标准外，尚应符合 GB/T 50485—2009《微灌工程技术规范》中第 4.0.3 条的规定。

（2）灌溉补充强度。当灌溉没有降雨或地下水补给时，应按式（4-10）计算；当有降雨或地下水补给时，应按式（4-11）计算。

（3）设计灌水周期：

$$T = \frac{m}{I_a} = 9.13/4.3 = 2.12$$

经计算，糖料蔗微灌设计灌溉周期为 3d。

（4）一次灌水延续时间。糖料蔗微灌工程一次灌水延续时间按式（4-14）计算。可得糖料蔗微灌一次灌水时间为 3.9h。

（5）设计日灌水时间。微灌工程设计日灌水时间不宜大于 22h，一天可安排 5 个轮灌组工作。

## 4.3.2　微喷灌

根据广西糖料蔗大部分种植区的技术参数选取值和作物种植情况，拟定灌溉方式为微喷灌，灌溉区土壤为沙质轻壤土。拟定广西糖料蔗灌溉制度及灌水定额。

### 4.3.2.1　技术参数

（1）土壤容重 $\gamma = 1.35$g/cm³。

（2）田间持水率 26%。

（3）适宜土壤含水量上限（重量百分比）$\beta_1 = 75\%$。

（4）适宜土壤含水量下限（重量百分比）$\beta_2 = 65\%$。

（5）土壤计划湿润层深度 40cm。

### 4.3.2.2　灌水器选型

本次设计根据土壤、气候状况、地形等条件，毛管顺种植行布置，甘蔗采用宽窄行种植（1.2m×0.5m），在两宽窄行甘蔗布置一条微喷带（即毛管间距为 3.4m），毛管采用 N50 微喷带，毛管平均间距 3m，孔间距 0.3m，流量

80L/（H·m），工作压力为 0.02MPa，允许最大铺设长度 27.3m，实际设计铺设长度为 20m，详见表 4-6。

表 4-6    N50 型微喷带性能参数表

| 规　格 | 内径 /mm | 壁厚 /mm | 孔径 /mm | 孔间距 /cm | 水头 2m 时的流量 /[L/(H·m)] | 工作压力 /MPa |
|---|---|---|---|---|---|---|
| N50 5 孔 | 32 | 0.2 | 0.5 | 30 | 80 | 0.02 |

### 4.3.2.3　灌水定额及灌溉制度的确定

1. 灌水定额

（1）种植结构。根据当地农业发展规划，项目区内种植作物为甘蔗。

（2）土壤湿润比。微喷系统毛管布置方式为直线管布置，其孔间距 $S_e = 0.3m$，毛管间距为 3.4m。微喷带喷射距离为 1.2m，直径为 2.4m。每个喷孔有效湿润面积为 0.72m²。土壤湿润比按式（4-17）计算：

$$p = \frac{A_w}{S_e S_l} \times 100\% \qquad (4-17)$$

式中　$p$——土壤湿润比，%；

$A_w$——微喷头有效湿润面积，0.72m²；

$S_e$——滴水器或出水点间距，0.3m；

$S_l$——毛管的间距，3.4m。

经计算，得到本灌溉系统土壤湿润比为 71%。

（3）最大净灌水定额。根据 GB/T 50485—2009《微灌工程技术规范》，灌溉设计灌水定额可采用式（4-4）计算。计算结果见表 4-7。

表 4-7    滴灌设计净灌水定额计算成果

| 作　物 | $\gamma$ | $z$ | $p$ | $\theta_{max}$ | $\theta_{min}$ | $m_{max}$ | |
|---|---|---|---|---|---|---|---|
| | g/cm³ | cm | % | % | % | mm | m³/亩 |
| 甘蔗 | 1.35 | 40 | 71 | 19.5 | 16.9 | 9.97 | 6.65 |

2. 灌溉制度

（1）糖料蔗设计耗水量（即作物蒸发蒸腾量，$ET_d$）按式（4-7）计算。

经计算，得出糖料蔗设计耗水量为 4.3mm/d。

设计耗水强度除满足以上标准外，尚应符合 GB/T 50485—2009《微灌工程技术规范》中第 4.0.3 条的规定。

（2）灌溉补充强度。当灌溉没有降雨或地下水补给时，应按式（4-10）计算；当有降雨或地下水补给时，应按式（4-11）计算。

（3）设计灌水周期：

$$T = \frac{m}{I_a} = 9.97/4.3 = 2.3$$

经计算，糖料蔗微灌设计灌溉周期为 3d。

（4）一次灌水延续时间。微喷带单孔流量为 $0.027m^3/h$，工程一次灌水延续时间按式（4-14）计算。

可得糖料蔗微灌一次灌水时间为 0.4h。

（5）设计日灌水时间。微灌工程设计日灌水时间不宜大于 22h，一天可安排 55 个轮灌组工作。

### 4.3.3　低压管灌

根据广西糖料蔗大部分种植区的技术参数选取值和作物种植情况，拟定灌溉方式为低压管灌，低压管灌工作压力一般不超过 0.4MPa，灌溉区土壤为沙质轻壤土。一个给水栓控制面积为 4 亩，支管铺设间距为 60m，给水栓间距为 45m，给水栓流量为 $10cm^3/h$。拟定广西糖料蔗灌溉制度及灌水定额。

#### 4.3.3.1　技术参数

（1）土壤容重 $\gamma = 1.35g/cm^3$。

（2）田间持水率 26%。

（3）适宜土壤含水量上限（重量百分比）$\beta_1 = 75\%$。

（4）适宜土壤含水量下限（重量百分比）$\beta_2 = 65\%$。

（5）计划湿润深度 40cm。

（6）灌溉水利用率 95%。

#### 4.3.3.2　灌水定额及灌溉制度的确定

1. 灌水定额

（1）种植结构。根据当地农业发展规划，项目区内种植作物为甘蔗。

（2）最大净灌水定额。低压管灌工程灌水定额应根据当地灌溉试验资料确定，无资料地区可参考邻近地区试验资料确定，也可按式（4-1）计算。计算结果见表 4-8。

表 4-8　　　　　　　　　低压管灌设计净灌水定额计算成果

| 作物 | $\gamma_s$ | | $h$ | $\beta_1$ | $\beta_2$ | $m$ | |
| --- | --- | --- | --- | --- | --- | --- | --- |
| | $g/cm^3$ | $kN/m^3$ | m | % | % | mm | $m^3/亩$ |
| 甘蔗 | 1.35 | 13.23 | 0.4 | 0.195 | 0.169 | 13.75 | 9.17 |

2. 灌溉制度

（1）糖料蔗设计耗水量（即作物蒸发蒸腾量，$ET_d$）按式（4-7）计算。经计算，得出糖料蔗设计耗水量为 4.3mm/d。

（2）灌溉补充强度。当灌溉没有降雨或地下水补给时，应按式（4-10）计算；当有降雨或地下水补给时，应按式（4-11）计算。

（3）设计灌水周期：

$$T = \frac{m}{I_a} = 13.75/4.3 = 3.2$$

经计算，糖料蔗微灌设计灌溉周期为 4d。

（4）一次灌水延续时间。低压管灌工程一次灌水延续时间可按式（4-13）计算。可得糖料蔗微灌一次灌水时间为 3.9h。

（5）设计日灌水时间。微灌工程设计日灌水时间不宜大于 22h，一天可安排 5 个轮灌组工作。

# 5　水源工程与首部枢纽

**5.1**　水源工程

　　水源工程指为灌溉提供水源所修建的工程。水源工程包括地表水源工程和地下水源工程两大类。地表水源工程可分为引水工程、提水工程、蓄水工程、集蓄雨水工程等；地下水源工程可分为机井、大口井、渗渠等。

### 5.1.1　地表水源工程

#### 5.1.1.1　引水工程

　　引水工程是从水源自流取水灌溉农田的水利工程设施。根据河流水量、水位和灌区高程的不同，可分为无坝引水和有坝引水两类。无坝引水枢纽是指当河道的水位和流量能满足取水要求，无需建坝抬高水位的引水枢纽。一般由进水闸、冲沙闸和导流堤组成。有坝引水枢纽是指当河流水源较丰富，但水位不能满足灌溉要求时，需在河道上修建壅水建筑物（坝或水闸），抬高水位，以便引水灌溉的引水枢纽。有坝引水枢纽主要由拦河坝、进水闸、冲沙闸、防洪堤等建筑物组成。引水枢纽工程等别应根据引水流量的大小，按表 5－1 确定。

| 表 5－1 | | 引水枢纽工程分等指标 | | 单位：$m^3/s$ | |
|---|---|---|---|---|---|
| 工程等别 | Ⅰ | Ⅱ | Ⅲ | Ⅳ | Ⅴ |
| 规模 | 大（1）型 | 大（2）型 | 中型 | 小（1）型 | 小（2）型 |
| 引水流量 | ＞200 | 200～50 | 50～10 | 10～2 | ＜2 |

　　引水枢纽的规划布置应适应河流水位涨落变化，满足灌溉用水要求。应使进入渠道的灌溉水含沙量少；引水枢纽的建筑物结构应简单，干渠引水段短，造价低，且便于施工和管理；所在位置地质条件良好，河岸坚固，河床和主流稳定，土质密实均匀，承载能力强。

### 5.1.1.2　提水工程

提水工程是指利用提水机具把水从低处提升到高处或输送到远处灌溉农田的水利工程设施，一般由水泵、动力设备、输水管道、进水闸、引水渠、前池、进水池、出水池、泵房和出水渠组成。高扬程泵站还应设有水锤消除器等防护设施；从多泥沙水源中提水的提水工程应设沉沙池。提水枢纽工程按单站装机流量和单机功率分属两个不同工程等别时，应按其中较高的等别确定，详见表5-2。

表 5-2　　　　　　　　　　提水枢纽工程分等指标

| 工程等别 | I | II | III | IV | V |
|---|---|---|---|---|---|
| 规模 | 大（1）型 | 大（2）型 | 中型 | 小（1）型 | 小（2）型 |
| 单站装机流量/（m³/s） | ＞200 | 200～50 | 50～10 | 10～2 | ＜2 |
| 单站装机功率/MW | 30 | 30～10 | 10～1 | 1～0.1 | ＜0.1 |

从河道取水的灌溉泵站站址选择和总体布置，应根据地形、地质、水源、动力源等条件确定，并应满足防洪、防冲、防淤和防污要求。取水口应选在主流稳定靠岸、能保证取水的河段。取水建筑物设计应考虑河床变化的影响，并与河道整治工程相适应。高扬程提水灌溉工程，应根据灌区地形、分区、提蓄结合等因素确定一级或多级设站。多级设站时，可结合行政区划与管理要求等，按整个提水灌溉工程动力机装机功率最小的原则确定各级站址。泵房应选择在岩土坚实和抗渗性能良好的天然地基上。

### 5.1.1.3　蓄水工程

蓄水工程是指调蓄河水及地面径流以灌溉农田的水利工程设施，包括水库和塘坝堰。当河川径流和灌溉用水在时间和水量分配上不相应时，就需要选择适当地点修筑水库、塘堰和水坝等蓄水工程。蓄水工程一般由水坝、泄水建筑物和取水建筑物等组成。蓄水工程等别应根据蓄水容积的大小按表5-3确定。

表 5-3　　　　　　　　　　蓄 水 工 程 分 等 指 标

| 工程等别 | I | II | III | IV | V |
|---|---|---|---|---|---|
| 规模 | 大（1）型 | 大（2）型 | 中型 | 小（1）型 | 小（2）型 |
| 总蓄水容积/亿 m³ | ＞10 | 10～1 | 1～0.1 | 0.1～0.01 | ＜0.01 |

有综合利用要求的灌溉供水水库工程，应以灌区灌溉设计标准和总体设计要求为依据，在满足灌溉供水的前提下，应兼顾国民经济其他有关部门的供水要求。大、中型灌溉供水水库工程规模，应根据灌区灌溉设计保证率、水资源的可利用条件、灌溉用水量和其他用水量等，经调节计算，进行技术经济比较

确定。

#### 5.1.1.4 集蓄雨水工程

集蓄雨水工程包括集流工程和蓄水工程两部分。集流工程由集流面、汇流沟和输水渠组成。当集流面较宽时，宜修建截流沟拦截降雨径流并引入汇流沟。集流面选址时，应尽量避开粪坑、垃圾场等污染源。应尽量利用透水性较低的现有人工设施或自然坡面作为集流面，并视需要改造或新建截流、汇流沟。为灌溉而修建的集流面宜尽可能布置在高于灌溉地块的位置。蓄水工程可分为蓄水窖、蓄水池和塘堰等类型，形式的选择应根据地形、土质、用途、建筑材料和社会经济因素确定。蓄水工程位置应避开填方或易滑坡地段。利用公路路面集流时，蓄水工程位置应符合公路的有关技术要求。利用天然土坡、土路、场院集流时，应在蓄水工程进口前修建沉沙池。

#### 5.1.2 地下水源工程

修建地下水源工程，开发利用地下水，应优先开采浅层水，严格控制开采深层水。在有良好含水层和补给来源充沛的地区，可集中开采；补给来源有限的地区，宜分散开采。在长期超采引起地下水位持续下降的地区，应采取回补措施或限量开采；对已造成不良后果的地区，应停止开采。滨海平原地区，应注意防止海水入侵。地下水源工程主要包括机井、大口井、渗渠等。

#### 5.1.2.1 机井

机井是利用机械设备提水的管井。农用机井应在具有必要的水文地质资料和地下水资源评价的基础上，进行规划和设计。地下水水力坡度较陡的地区，应沿等水位线交错布井；地下水水力坡度平缓的地区，应按梅花形或方格形布井。地下水水量丰富的地区，可集中布井；地下水较贫乏的地区，可分散布井。地面坡度较陡或起伏不平的地区，井位应布设在低处；地面坡度较平缓的地区，井位宜居中布置。沿河地带，可平行河流布井；湖塘地带，可沿湖塘周边布井。

机井工程包括管井、抽水机具、输变电设备、井台、井房和出水池。管井包括井口、井壁管、过滤器和沉淀管。井用水泵应按地下水位的埋深选择水泵类型，水泵扬程应根据水井设计动水位的埋深和输水要求选定，应使流量、扬程在水泵高效区对应的范围之内；安装深度必须满足水泵的最小淹没深度，不发生气蚀和超载运行。动力机配套应根据能源条件合理选配，动力机功率应根据水泵的轴功率，且在动力机的额定功率之内合理选配。井台应高出井口地面，其高度应能防止雨水、污水流入井内。井房的结构尺寸，应便于机泵安装、管理和维修，并考虑通风采光。出水池一般采取矩形正向出流形式；水泵出水口，一般应采用淹没式出流。

#### 5.1.2.2 大口井

大口井的井径较大，通常为 2～8m。大口井适用地段：地下水补给丰富，含水层渗透性良好，地下水埋藏浅的山前洪积扇、河漫滩及一级阶地、干枯河流和古河道地段；基岩裂隙或喀斯特发育，地下水埋藏较浅，且补给丰富的地段。浅层地下水中，铁、锰和侵蚀性二氧化碳的含量较高时，一般也适宜采用大口井取水。

大口井的结构包括井筒、井口和进水部分。井筒是大口井的主体，一般为圆形、截头圆锥形和阶梯圆筒形等；井口是大口井露出地表面的部分，一般高出地面 0.5m，并在井周围设宽 1.5m 的不透水散水坡，与泵站合建的大口井，井口内装设有水泵机组；进水部分有井壁进水孔、透水井壁和井底反滤层 3 种形式。当含水层厚度为 5～10m 时，一般采用完整式大口井；含水层厚度大于10m 时，采用非完整式井；当井的出水量较大，且含水层较厚或水位抽降较大时，一般与泵站合建，大口井泵站做成半地下式，以减少吸水高度；当大口井设在河漫滩或低洼地区时，应考虑采取不受洪水冲刷和淹没的措施。

#### 5.1.2.3 渗渠

渗渠是修建在河滩或河床下的暗渠（管），通过渠（管）壁上的渗水孔采取地下水的一种水源工程形式。渗渠的构造一般包括集水管渠、进水孔、人工反滤层、集水井、检查井。渗渠的布置方式有平行河流布置、垂直河流布置、垂直与平行组合布置 3 种方式。

### 5.1.3 首部枢纽

灌溉系统首部枢纽由水泵和动力机、控制设备、施肥装置、水质净化装置、测量和保护设备等组成水源经泵站（或高位水池、压力给水管）加压后，施入肥料液，经过滤后送到田间管网。首部枢纽是全系统的控制调度中心。

灌溉系统首部枢纽通常与水源工程布置在一起，但水源工程距灌区较远，也可单独布置在灌区附近或灌区中间，以便操作和管理。当有几个可用的水源时，应根据水源的水量、水位、水质以及灌溉工程的用水要求进行综合考虑，通常在满足灌溉水量、水质需求的条件下，选择距灌区最近的水源，以便减少输水工程的投资。在利用井水作为灌溉水源时，应尽可能将井打在灌区中心，并在其上修建井房，内部安装机泵、压力流量控制及电气设备。

首部枢纽及其相连的蓄水和供水建筑物的位置，应根据地形地质条件确定，必须有稳固的地质条件，并尽可能使输水距离最短。在需建沉淀池的灌区，可以与蓄水池同时修建。

规模较大的首部枢纽，除应按有关标准合理布设泵房、闸门以及附属建筑物外，还应布设管理人员专用的工作及生活用房和其他设施，并与周围环境相协调。

## 5.2 泵站、机井设计

### 5.2.1 泵站设计

#### 5.2.1.1 泵站概念

泵站是以抽水为目的，由一整套机电设备和为其配套的土建工程设施所组成的水工建筑物。机电设备由作为核心设备的水泵及其配套的动力机、传动装置、管道系统、电气控制设备和相关的辅助设备所构成。配套土建工程包括泵房及上部结构，进、出水建筑物及其配套的控制涵、闸等。

#### 5.2.1.2 泵站设计标准

1. 泵站等级

泵站等别和建筑物级别按表 5-4 确定。

表 5-4　　　　　　　　　　　泵站等别和建筑物级别

| 泵站等别 | 永久性建筑物级别 | | 临时性建筑物级别 |
| --- | --- | --- | --- |
| | 主要建筑物 | 次要建筑物 | |
| Ⅰ | 1 | 3 | 4 |
| Ⅱ | 2 | 3 | 4 |
| Ⅲ | 3 | 4 | 5 |
| Ⅳ | 4 | 5 | 5 |
| Ⅴ | 5 | 5 | — |

2. 防洪标准

泵站防洪标准按表 5-5 确定。

表 5-5　　　　　　　　　　泵 站 防 洪 标 准

| 泵站建筑物级别 | 防洪标准（重现期）/a | |
| --- | --- | --- |
| | 设计 | 校核 |
| 1 | 100 | 300 |
| 2 | 50 | 200 |
| 3 | 30 | 100 |
| 4 | 20 | 50 |
| 5 | 10 | 30 |

3. 泵站设计参数

（1）设计流量。设计流量应根据设计灌溉保证率、设计灌水率、灌溉面积、灌溉水利用系数及灌区内调蓄容积等综合分析计算确定。

（2）进水池水位。灌溉泵站进水池水位按下列规定确定：

1）从河流、湖泊或水库取水时，设计运行水位应取历年灌溉期满足设计灌溉保证率的日平均或旬平均水位；从渠道取水时，设计运行水位应取渠道通过设计流量时的水位；从感潮河口取水时，设计运行水位应按历年灌溉期多年平均最高潮位和最低潮位的平均值确定。

2）从河流、湖泊、感潮河口取水时，最高运行水位应取重现期 5～10a 一遇洪水的日平均水位；从水库取水时，最高运行水位应根据水库调蓄性能论证确定；从渠道取水时，最高运行水位应取渠道通过加大流量时的水位。

3）从河流、湖泊、水库、感潮河口取水时，最低运行水位应取水源保证率为97％～99％的最低日平均水位；从渠道取水时，最低运行水位应取渠道通过单泵流量时的水位，受潮汐影响的泵站，最低运行水位应取水源保证率为 97％～99％的日最低潮水位。

4）从河流、湖泊、水库或感潮河口取水时，平均水位应取灌溉期多年日平均水位；从渠道取水时，平均水位应取渠道通过平均流量时的水位。

上述水位均应扣除从取水口至进水池的水力损失。从河床不稳定的河道取水时，尚应考虑河床变化的影响，方可作为进水池相应特征水位。

（3）出水池水位。

1）当出水池接输水河道时，最高水位应取输水河道的防洪水位；当出水池接输水渠道时，最高水位应取与泵站最大流量相应的水位。

2）设计运行水位应取按灌溉设计流量和灌区控制高程的要求推算到出水池的水位。

3）最高运行水位应取与泵站最大运行流量相应的水位。

4）最低运行水位应取与泵站最小运行流量相应的水位，有通航要求的输水河道最低运行水位应取最低通航水位。

5）平均水位应取灌溉期多年日平均水位。

（4）特征扬程的确定。

1）设计扬程应按泵站进、出水池设计运行水位差，并计入水力损失确定；在设计扬程下，应满足泵站设计流量要求。

2）平均扬程可按式（5-1）计算加权平均净扬程，并计入水力损失确定；或按泵站进出水池平均水位差，并计入水力损失确定。在平均扬程下，水泵应在高效区工作。

$$H = \frac{\sum H_i Q_i t_i}{\sum Q_i t_i} \qquad\qquad (5-1)$$

式中　$H$——加权平均净扬程；

　　　$H_i$——第 $i$ 时段泵站进、出水池运行水位差，m；

　　　$Q_i$——第 $i$ 时段泵站提水流量；

　　　$t_i$——第 $i$ 时段历时。

3）最高扬程宜按泵站出水池最高运行水位与进水池最低运行水位之差，并计入水力损失确定；当出水池最高运行水位与进水池最低运行水位遭遇的几率较小时，经技术经济比较后，最高扬程可适当降低。

4）最低扬程宜按泵站出水池最低运行水位与进水池最高运行水位之差，并计入水力损失确定；当出水池最低运行水位与进水池最高运行水位遭遇的概率较小时，经技术经济比较后，最低扬程可适当提高。

### 5.2.1.3　泵站站址选择

泵站站址选择应符合下列原则：

（1）泵站站址应根据灌溉总体规划、泵站规模、运行特点和综合利用要求，考虑地形、地质、水源或承泄区、电源、枢纽布置、对外交通、占地、拆迁、施工、环境、管理等因素以及扩建的可能性，经技术经济比较选定。

（2）山丘区泵站站址宜选择在地形开阔、岸坡适宜、有利于工程布置的地点。

（3）泵站站址宜选择在岩土坚实、水文地质条件有利的天然地基上，宜避开软土、松沙、湿陷性黄土、膨胀土、杂填土、分散性土、振动液化土等不良地基，不应设在活动性的断裂构造带以及其他不良地质地段。当遇软土、松沙、湿陷性黄土、膨胀土、杂填土、分散性土、振动液化土等不良地基时，应慎重研究确定基础类型和地基处理措施。

（4）由河流、湖泊、感潮河口、渠道取水的灌溉泵站，其站址宜选择在有利于控制提水灌溉范围，使输水系统布置比较经济的地点。灌溉泵站取水口宜选择在主流稳定靠岸，能保证引水，有利于防洪、防潮汐、防沙、防冰及防污的河段。由潮汐河道取水的灌溉泵站取水口，宜选择在淡水水源充沛、水质适宜灌溉的河段。

（5）从水库取水的灌溉泵站，其站址应根据灌区与水库的相对位置、地质条件和水库水位变化情况，研究论证库区或坝后取水的技术可靠性和经济合理性，选择在岸坡稳定、靠近灌区、取水方便，不受或少受泥沙淤积冰冻影响的地点。

（6）梯级泵站站址，应结合各站站址地形、地质、运行、管理、总功率最小等条件，经综合比较选定。

#### 5.2.1.4　泵站总体布置

泵站的总体布置应根据站址的地形、地质、水流、泥沙、供电、施工、征地拆迁、环境等条件，结合综合利用要求、机组型式等，做到布置合理、有利施工、运行安全、管理方便、少占耕地、投资节省和美观协调。

进水处有污物杂草等漂浮物的泵站应设置拦污清污设施，其位置宜设在引渠末端或前池入口处。

由河流取水的泵站，当河道岸边坡度较缓时，宜采用引水式布置，并在引渠渠首设进水闸；当河道岸边坡度较陡时，宜采用岸边式布置，其进水建筑物前缘宜与岸边齐平或稍向水源凸出。由渠道取水的泵站，宜在取水口下游侧的渠道上设节制闸。由湖泊、水库取水的泵站，可根据岸边地形、水位变化幅度、泥沙淤积情况及对水质、水温的要求等采用引水式或岸边式布置。

### 5.2.2　泵房

#### 5.2.2.1　泵房布置

泵房布置应根据泵站的总体布置要求和站址地质条件，机电设备型号和参数，进出水流道（或管道），电源进线方向，对外交通以及有利于泵房施工、机组安装与检修和工程管理等，经技术经济比较确定。

泵房布置应符合下列规定：

（1）满足机电设备布置安装运行和检修要求；满足结构布置要求；满足通风采暖和采光要求并符合防潮防火防噪声；节能劳动安全与工业卫生等技术规定；满足内外交通运输要求；注意建筑造型做到布置合理、适用、美观且与周围环境相协调。

（2）主泵房长度应根据机组台数、布置形式、机组间距、边机组段长度和安装检修间的布置等因素确定，并应满足机组吊运和泵房内部交通的要求。

（3）主泵房宽度应根据机组及辅助设备、电气设备布置要求，进、出水流道（或管道）的尺寸，工作通道宽度，进、出水侧必需的设备吊运要求等因素，结合起吊设备的标准跨度确定，立式机组主泵房水泵层宽度的确定，还应计及集水排水廊道的布置要求等因素。

（4）主泵房各层高度应根据机组及辅助设备、电气设备的布置，机组的安装、运行、检修，设备吊运以及泵房内通风、采暖和采光要求等因素确定。

#### 5.2.2.2　泵房稳定计算

（1）泵房稳定分析可采取一个典型机组段或一个联段作为计算单元。

（2）用于泵房稳定分析的荷载应包括自重、水重、静水压力、扬压力、土压力、淤沙压力、浪压力、风压力、冰压力、土的冻胀力、地震荷载及其他荷载。

（3）荷载组合见表5-6。

表 5-6                              荷　载　组　合

| 荷载 | 计算工况 | 荷　载 | | | | | | | | | |
|------|----------|--------|------|--------|--------|--------|--------|--------|--------|----------|----------|
| | | 自重 | 水重 | 静水压力 | 扬压力 | 土压力 | 淤沙压力 | 浪压力 | 风压力 | 地震荷载 | 其他荷载 |
| 基本组合 | 完建 | √ | — | — | — | √ | — | — | — | — | √ |
| | 设计运用 | √ | √ | √ | √ | √ | √ | √ | √ | — | √ |
| 特殊组合 | 施工 | √ | — | — | — | √ | — | — | — | — | √ |
| | 检修 | √ | √ | √ | √ | √ | — | — | — | — | √ |
| | 校核运用 | √ | √ | √ | √ | √ | √ | √ | √ | — | — |
| | 地震 | √ | √ | √ | √ | √ | √ | — | — | √ | — |

（4）泵房沿基础底面的抗滑稳定安全系数应符合下列规定：

土基或岩基：

$$KC = \frac{f\sum G}{\sum H} \qquad (5-2)$$

土基：

$$KC = \frac{\tan\varphi_0 \sum G + C_0 A}{\sum H} \qquad (5-3)$$

岩基：

$$KC = \frac{f'\sum G + C'A}{\sum H} \qquad (5-4)$$

式中    $KC$——抗滑稳定安全系数；

$\sum G$——作用于泵房基础底面以上的全部竖向荷载，kN，包括泵房基础底面上的扬压力；

$\sum H$——作用于泵房基础底面以上的全部水平向荷载，kN；

$A$——泵房基础底面面积，$m^2$；

$f$——泵房基础底面与地基之间的摩擦系数可按试验资料确定；

$\varphi_0$——土基上泵房基础底面与地基之间摩擦角，（°）；

$C_0$——土基上泵房基础底面与地基之间的黏结力，kPa；

$f'$——岩基上泵房基础底面与地基之间的抗剪断摩擦系数；

$C'$——岩基上泵房基础底面与地基之间的抗剪断黏结力，kPa。

泵房沿基础底面抗滑稳定安全系数允许值按表5-7采用。

表 5 - 7 抗滑稳定安全系数表

| 地基类别 | 荷载组合 | | 泵站建筑级别 | | | | 适用公式 |
| --- | --- | --- | --- | --- | --- | --- | --- |
| | | | 1 | 2 | 3 | 4、5 | |
| 土基 | 基本组合 | | 1.35 | 1.30 | 1.25 | 1.20 | 适用于公式（5-2）或式（5-3） |
| | 特殊组合 | I | 1.20 | 1.15 | 1.10 | 1.05 | |
| | | II | 1.10 | 1.05 | 1.05 | 1.00 | |
| 岩基 | 基本组合 | | 1.10 | 1.08 | | 1.05 | 适用于公式（5-2） |
| | 特殊组合 | I | 1.05 | 1.03 | | 1.00 | |
| | | II | 1.00 | | | | |
| | 基本组合 | | 3.00 | | | | 适用于公式（5-4） |
| | 特殊组合 | I | 2.50 | | | | |
| | | II | 2.30 | | | | |

注 特殊组合 I 适用于施工工况、检修工况和非常运用工况，特殊组合 II 适用于地震工况。

（5）泵站抗浮稳定安全系数按式（5-5）计算：

$$K_f = \frac{\sum V}{\sum U}$$ (5-5)

式中 $K_f$——抗浮稳定安全系数；

$\sum V$——作用于泵房基础底面以上的全部重力，kN；

$\sum U$——作用于泵房基础底面上的扬压力，kN。

泵房抗浮稳定安全系数的允许值，不分泵站级别和地基类别，基本荷载组合下不应小于 1.10，特殊荷载组合下不应小于 1.05。

（6）泵房基础底面应力应根据泵房结构布置和受力情况等因素确定。当结构布置及受力情况对称时，应按式（5-6）计算：

$$P_{min}^{max} = \frac{\sum G}{A} \pm \frac{\sum M}{W}$$ (5-6)

式中 $P_{min}^{max}$——泵房基础底面应力的最大值或最小值，kPa；

$\sum M$——作用于泵房基础底面以上的全部竖向和水平向荷载对于基础底面垂直水流向的形心轴的力矩，kN·m；

$W$——泵房基础底面对于该底面垂直水流向的形心轴的截面矩，m³。

当结构布置及受力情况不对称时，应按式（5-7）计算：

$$P_{min}^{max} = \frac{\sum G}{A} \pm \frac{\sum M_x}{W_x} \pm \frac{\sum M_y}{W_y}$$ (5-7)

式中 $\sum M_x$、$\sum M_y$——作用于泵房基础底面以上的全部水平向和竖向荷载对于基础底面形心轴的力矩；

$W_x$、$W_y$——泵房基础底面对于该底面形心轴 $x$，$y$ 的截面矩，$m^3$。

各种荷载组合情况下的泵房基础底面应力应符合下列规定：

土基泵房基础底面平均基底应力不应大于地基允许承载力，最大基底应力不应大于地基允许承载力的 1.2 倍，泵房基础底面应力不均匀系数的计算值不应大于下表的允许值，在地震情况下，泵房地基持力层允许承载力可适当提高，不均匀系数见表 5-5。

**表 5-8**　　　　　　　　　**不均匀系数允许值**

| 地　基　土　质 | 荷　载　组　合 | |
|:---:|:---:|:---:|
| | 基本组合 | 特殊组合 |
| 松软 | 1.5 | 2.0 |
| 中等坚实 | 2.0 | 2.5 |
| 坚实 | 2.5 | 3.0 |

对于岩基，泵房基础底面最大基底应力不应大于地基允许承载力，泵房基础底面应力不均匀系数可不控制，但在非地震情况下基础底面边缘的最小应力不应小于 0，在地震情况下基础底面边缘的最小应力不应小于 -100kPa。

### 5.2.2.3　泵房地基处理

泵站等建筑物厂址区需进行必要的工程地质勘察工作，主要包括以下内容：

（1）查明厂址区地层岩性，不良岩土层分布范围、性状和物理力学性质。

（2）查明厂址区滑坡、潜在不稳定岩土体、泥石流等物理地质现象以及岩溶发育情况。

（3）查明厂址区的水文地质条件。

（4）提出岩土体物理力学参数。

（5）评价地基和边坡的稳定性。

大型泵站或工程地质条件复杂的厂址区，勘察方法一般采用工程地质测绘、钻探、原位试验、室内岩土试验等，钻探及试验应满足 GB/T 50487—2008《水利水电工程地质勘察规范》的有关要求。岩土物理力学参数主要依据试验统计资料提出。

中小型泵站或工程地质条件简单的厂址区，勘察方法一般采用工程地质测绘、坑槽探及简易钻探等，必要时进行原位试验及室内试验。岩土物理力学参数可采用工程地质类比法提出。

泵站地基在查明地质条件后应满足承载能力、稳定和变形的要求，具体计算与处理要求详见有关水工设计手册。

### 5.2.3 泵站进水设计

从渠道引水的泵站进水设计包括引渠、前池、进水池。

从江边取水的泵站进水称作取水头部，包括进流装置、进水流道、支承结构以及必要的护围、导治等附属设施。

#### 5.2.3.1 引渠

泵站引水渠的作用是将水流平顺地引入前池进入进水池，为水泵创造良好的进水条件。引渠的线路应根据选定的取水口及站房位置，结合地形地质条件，经技术经济比较选定。渠线宜避开地质构造复杂、渗透性强和有可能崩塌的地段，渠身宜坐落在挖方土耳其上，并少占耕地。渠线宜顺直，如需设计弯道时，土渠弯道半径不宜小于渠道水面宽的 5 倍，石渠及衬砌渠道弯道半径不宜小于水面宽的 3 倍；弯道终点与前池进口之间的直线段不宜小于渠道水面宽度的 8 倍。

引渠断面按明渠均匀流设计，利用谢才公式计算：

$$Q = AC \sqrt{Ri} \qquad (5-8)$$

式中　$Q$——通过引渠的设计流量，$m^3/s$；

　　　$A$——引渠的断面积，$m^2$；

　　　$R$——引渠的水力半径，m；

　　　$i$——引渠设计底坡，底坡的大小直接影响到通过引渠的流速大小。一般引渠流速不宜过大，过大的流速会引起冲刷。但也不宜过小，过小的流速会引起渠底的淤积。一般引渠的流速宜控制在 0.5～1.0m/s。引渠的设计底坡一般取 1/5000～1/2000；

　　　$C$——流速系数。可以按满宁公式计算：

$$C = \frac{1}{n} R1/6$$

式中　$n$——引渠的糙率，它反映了引渠壁表面粗糙程度对水流阻力的影响。

#### 5.2.3.2 前池

前池是衔接引渠与进水池的渐变段。前池的作用主要是平顺地扩散引渠的来流，使水流均匀地进入进水池，避免主流脱壁、偏折、回流和漩涡等现象，为水泵提供良好吸水条件。前池按照来流方向可分为正向进水和侧向进水两种。

前池扩散角是影响前池流态及其尺寸大小的主要因素，前池扩散角过小会增加前池长度和工程量。但前池扩散角过大也会使水流易产生脱壁，在前池边壁产生回流和漩涡。一般取前池扩散角 $\alpha = 20° \sim 40°$ 为宜。

前池底坡的大小对进水池的水流状态有很大影响，前池底坡太陡，则水流易产生纵向回流；底坡太缓，则又会增加前池的工程量。综合水力条件和工程造价，在前池不太长时，可取 $i=0.2\sim0.3$。

### 5.2.3.3　进水池

进水池的尺寸包括进水池宽度、水泵或吸水管的喇叭口至池底的距离（即悬空高）、喇叭口至进水池最低水位的垂直距离（即最小淹没深度）、水泵中心或吸水管中心至进水池后墙的距离（即后壁距）以及进水池长度等。开敞式进水池的流态好坏主要由进水池几何尺寸的配置所决定。其中尤以悬空高和后壁距对流态影响最为显著。

不同泵型开敞式进水池设计参考尺寸见表5-9。

表5-9　　　　　　　　不同泵型开敞式进水池设计参考尺寸表

| 泵型 | 规格 /英寸 | 喇叭口直径 /mm | 池宽 /mm | 池长 /mm | 悬空高度 /mm | 最低淹没水深 /mm |
|---|---|---|---|---|---|---|
| 离心泵 | 10 | 350 | 700 | 2100 | 300 | 420 |
| | 12 | 500 | 1000 | 2400 | 320 | 600 |
| | 14 | 550 | 1100 | 2700 | 350 | 660 |
| | 20 | 700 | 1400 | 4200 | 375 | 840 |
| | 24 | 900 | 1800 | 5400 | 450 | 1080 |
| | 32 | 1150 | 2300 | 6900 | 580 | 1380 |
| 混流泵 | 12 | 500 | 1000 | 2500 | 320 | 600 |
| | 14 | 550 | 1100 | 3000 | 350 | 660 |
| | 16 | 600 | 1200 | 3500 | 380 | 720 |
| | 20 | 750 | 1500 | 4500 | 400 | 900 |
| | 26 | 850 | 1700 | 5100 | 480 | 1190 |
| 轴流泵 | 14 | 550 | 1150 | 3000 | 350 | 600 |
| | 20 | 750 | 1600 | 4500 | 375 | 825 |
| | 24 | 875 | 1925 | 5500 | 450 | 960 |
| | 28 | 1000 | 2200 | 6000 | 500 | 1100 |
| | 32 | 1150 | 2650 | 6900 | 580 | 1270 |
| | 36 | 1280 | 3000 | 7700 | 700 | 1410 |
| | 40 | 1325 | 3300 | 8000 | 800 | 1500 |

取水头部按受力条件和构造要求大致分为重力式、沉井式、桩架式、悬臂式、底槽式、隧洞式、复合式，具体设计详见《给水排水工程结构设计手册》，具体设计详见有关水工设计手册。

### 5.2.4　机井设计

机井因水文地质条件、施工方法、配套水泵和用途等不同，一般分为井口、井身、进水部分和沉砂管四个部分。

#### 5.2.4.1　井口

通常将管井上端接近地表的一部分称为井口，可密封置于户外或与机电设备同设在一个泵房内。

#### 5.2.4.2　井身

安装在隔水层、咸水层、流沙层、淤泥层或者不拟开采含水层处的实管称为井身，起支撑井孔壁和防止坍塌的作用。井身是不要求进水的，在一般松散地层中，应采用密实井管加固。如果井身部分的岩层是坚固稳定的基岩或其他岩层，也可不用井管加固，但如果有要求隔离有害的和不计划开采的含水层时，侧仍需井管严密封闭。井身部分是安装水泵和泵管的处所，为了保证井泵的顺利安装和正常工作，要求其轴线端直。

#### 5.2.4.3　进水部分

进水部分，进水部分是指安装在所开采含水层处的透水管，又叫滤水管，主要起滤水和阻砂作用，它是管井的心脏，结构是否合理，对整个井来说是至关重要的，它直接影响管井的质量和使用寿命。除在坚固的裂隙岩层处，一般对松散含水层，甚至对破碎的和易溶解成洞穴的坚固含水层，均须装设各种形式的滤水管。

滤水管的结构要求：一方面能使地下水从含水层经滤水管流入井内时受到的阻力最小，即要有高的透水性；另一方面又要求在抽水时能有效地拦截含水层中的细砂粒，以防随水进入井内，即要有很强的拦砂能力。因此，设计时一定要按所开采含水层的特性，确定其合理的结构。

滤水管直径。滤水管口径大小，对机井的出水量影响极大。在潜水含水量中，机井出水量的增加与滤水管直径增加的半数成正比；在承压含水层中，出水量与滤水管直径的增加成直线关系。在松散岩层中，滤水管的内径一般不得小于200mm，但滤水管直径大于400mm以后，出水量增加不明显。

滤水管长度。滤水管长度关系到机井的建设投资和出水量，应根据含水层的厚度和颗粒组成、出水量大小及滤水管直径而定。当含水层厚度小于10m时，其长度应与含水层厚度相等；当含水层厚度很大时，其长度可取含水层厚度的3/4。每节滤水管长一般不超过20～30m。

滤料设计，填砾滤水管的砾石是滤心管的重要部分，如何正确选用滤料以及合理的填砾厚度是设计填砾滤水管的关键。

封闭止水，是为了使取水层与有害的或不良的含水体隔离开来，以免互相串通使井的水质恶化。井口附近应封闭，厚度不小于 3m，以防止地表水渗入污染井水。

#### 5.2.4.4　沉砂管

管井最下部装设的一段不透水的井管称为沉砂管。其用途是在使用和管理过程中，沉淀井中泥沙，以备定期清淤。沉砂管长度一般按含水层颗粒大小和厚度而定，如管井所开采含水量颗粒较细、厚度较大时，可取长些，反之可取短些。一般含水层厚在 30m 以上且为细粒时，其沉砂管长度不应小于 5m。若含水层较薄，为了增大井的出水量，应尽量将沉砂管设在含水层底板的不透水层内，不要因装设沉砂管而减少滤水管长度。

### 5.2.5　附图

（1）泵站总体平面布置图。

（2）泵房平面图。

（3）泵房纵横剖面图。

（4）引渠设计图。

（5）进水前池与进水池设计图。

（6）地基处理图。

（7）泵房各部分配筋图。

以上图纸根据实际情况及设计阶段可进行取舍。

## **5.3**　机电设计

### 5.3.1　水力机械

#### 5.3.1.1　设计基础资料

简述工程布置情况、泵站功能、进出水流道等情况，提出泵站设计流量、泵站进水前池、出水池的特征水位等设计参数。

#### 5.3.1.2　水泵选择原则

简述本工程水泵选择原则。

#### 5.3.1.3　泵站特征扬程计算

简述本工程泵站特征扬程计算方法及计算结果见。

#### 5.3.1.4　机组型式确定

（1）选定水泵型式。宜优先选用技术成熟、性能先进、高效节能的产品。

当现有产品不能满足泵站设计要求时，可析水泵。采用国外产品时，应有必要的论证。

（2）泵站选用的主泵应满足泵站设计流量、设计扬程及不同时期供水的要求。在加权平均扬程下，水泵应在高效区运行，并具有良好的抗气蚀性能；在最大扬程与最小扬程下，水泵应能安全稳定运行，不得产生汽蚀和动力机过载。选用的主泵允许采用改变转速、车削叶轮和调整叶片安放角等调节运行工况的措施。

（3）当有多种泵型可选时，应进行方案比较，通过不同泵型及其对应的泵房型式进行技术经济比较后，即综合分析水力性能、安装、检修、工程投资及运行费用等因素后择优选择。

（4）对水位变幅、流量变幅较大的泵站，采用变速调节应进行方案比较和技术经济论证。

（5）由多泥沙水源取水时，水泵应考虑抗磨蚀措施；水源介质有腐蚀性时，水泵应考虑防腐措施。

（6）机井水泵应根据井的出水量、水位和泵站设计流量、扬程等条件，选定水泵及其附件的型式等设计参数。

#### 5.3.1.5　水泵机组台数选择

（1）应根据工程规模及建设内容对泵站装机台数进行方案比较，通过不同装机台数及其对应的泵房型式进行技术经济比较后，即综合分析水力性能、运行灵活性、安装、检修、工程投资及运行费用等因素后择优选择。确定机组单机流量、台数、基本参数，确定水泵过流部件。

（2）备用机组的台数应根据工程重要、运行条件及年利用小时数确定，并符合以下规定：

1）灌溉泵站工作机组为 3～9 台时，宜设 1 台备用机组；多于 9 台时，宜设 2 台备用机组。

2）年运行小时数很低的泵站，可不设备用机组。

3）处于水源含沙量大或含腐蚀性介质的工作环境的泵站，或有特殊要求的泵站，备用机组的台数经过论证后可适当增加。

（3）并联运行的水泵，其设计扬程应接近，并联运行台数不宜超过 4 台。当流量或扬程变幅较大时，可采用大、小泵搭配或变速调节等方式满足要求。抽送多泥沙水源时，宜适当减少并联台数。串联运行的水泵，其设计流量应接近，串联运行台数不宜超过 2 台，并应对第二级泵的泵壳进行强度校核。水泵最大轴功率应满足泵站运行范围内各种工况对轴功率的影响。

#### 5.3.1.6　水泵机组参数选择

（1）根据以上方案比较结果，提出本工程推荐的水泵机组参数。

（2）水泵机组参数的选择应达到以下要求：

1）抽取清水时轴流泵站与混流泵站的装置效率不宜低于70%；净扬程低于3m的泵站，其装置效率不宜低于60%；离心泵站的装置效率不宜低于65%；机井用水泵站其装置效率不宜低于45%；柴油机配套的机井，其装置效率不宜低于40%。当泵站装置效率偏低时，应综合分析泵站输水方案的经济性和可生性。

2）泵站动力机应首先采用电动机。对电源紧缺且非经常运行的泵站，可采用柴油机，但必须设置能储存10~15d燃料油的储油设备。有条件的地方，宜利用水力、风力或其他能源作为泵站动力源。

3）泵站选用的动力机与主泵应配套合理。动力机功率备用系数，电动机可采用1.05~1.3，柴油机可采用1.15~1.5。如选用电动机，应对其启动特性进行校验。

4）自动调压喷灌泵站的主泵，应选择高效区较宽、能覆盖泵站设计调压范围、能实现流量搭接的同型号离心泵。主泵台数宜取2~6台。若无法由同型号泵实现流量搭接时，也可选用1~2台流量较小的泵。调压泵配套电动机应允许频繁启动。

5）喷灌泵站宜具有随机用水条件下可自动调节管网流量、压力的功能。

### 5.3.1.7　水泵安装高程确定

简述安装高程的计算方法及取值过程，提出水泵安装高程。

### 5.3.1.8　调节保证计算

（1）大中型泵站应进行压力管道调节保证计算，提出管道压力上升值、水泵反转转速值等计算成果。

（2）高扬程、长管道的灌溉泵站，应对压力管道进行调节保证计算（水锤计算）。计算项目应包括：水泵启动时产生的启动水锤、关闭阀门时产生的关阀水锤和停泵时产生的停泵水锤。必要时应设置防护设施。

（3）提出泵站水锤防护措施。

### 5.3.1.9　主要辅助机械设备选择

（1）选定泵站内起重设备和油、气、水、量测以及辅机自动化元件等系统主要设备。

（2）根据工程布置及工程需要，选定输水管道上的检修阀、排水阀、排气阀、真空补气阀、压力、流量计量装置等主要设备。

### 5.3.1.10　主要水力机械设备

提出主要水力机械设备汇总表

### 5.3.1.11　水力机械主要设备布置

讲述主要设备布置型式、主要设备进厂方式、泵房及安装间的平面和立面主要控制尺寸选择计算原则及成果。

### 5.3.2 电工

#### 5.3.2.1 接入电力系统方式

（1）根据泵站、机井、闸阀在节水灌溉工程中的作用及当地配电网状况，确定其引接电源与动力系统的了解方式，电压等级、进线回路数及容量，应统一考虑项目区内各用电负荷点电源引接方式。

（2）进行引接电源的电力计算，提出电力系统对泵站、机井、闸阀的运行方式、计量点、主要设备参数、继电保护、无功补偿以及系统稳定措施等方面的要求。

（3）选定电动机启动方式，提出相应的技术措施。

#### 5.3.2.2 电气主接线

经方案比较和技术经济分析，选定泵站、机井、闸阀的电气主接线方案，选定站区用电电源连接方式及供电方式。

#### 5.3.2.3 主要电力设备选择

（1）列表提出短路电流计算成果，选定泵站、机井、闸阀等电气设备的型式、规格、数量及主要技术参数。

（2）对大型电气设备、重大部件运输以及现场组装等特殊问题，应进行专门论证。

（3）采用新型设备和最大技术时应有专门论证。

应确定绝缘配合原则和中性点接地方案提出过电压保护方式。

应根据接地计算，确定泵站、机井、闸阀等接地设计方案，对高电阻土壤的接地设计，应进行分析论证，并提出处理措施。

继电保护设计应确定主要电气设备的保护类型、种类、范围等，选定继电保护设备。

自动化设计应根据受控设备在灌溉系统中的地位和作用，确定自动控制方案，说明控制方式，范围、操作流程及远传信息等，选定监控系统的结构、主要功能及主要设备配置，确定公用设备自动控制系统的设计方案。

视频监视系统设计应选定监视对象及范围，确定监视系统的结构、主要功能及主要设备配置等。水力监测设计应对水位、压力、流量等提出监测设计方案。

通信设计应确定项目区内部及外部通信方案，选定主要通信设备。

#### 5.3.2.4 电气设备布置

（1）说明泵站、机井、闸阀的主要电力设备布置型式。

（2）选定辅助生产用房的布置

### 5.3.3　金属结构

选定灌溉建筑物的闸（阀）门、拦污栅及启闭设备的布置、型式、数量和主要尺寸及参数。

### 5.3.4　采暖通风

说明采暖、通风和空调系统设计的依据及设计方案，选定主要设备的布置、型式及数量。

### 5.3.5　消防

确定主要生产场所火灾危险性分类及耐火等级，提出主要消防设施、火灾事故照明、疏散指示标志等配置。

### 5.3.6　泵站附图

（1）接入电力系统地理位置图。
（2）电气主接线及站用电接线图。
（3）监控系统结构设备配置图。
（4）机电设备布置图。
（5）主要闸（阀）门及启闭机布置图。

### 5.3.7　附表

（1）机电、金属结构及通风采暖的主要设备名称、规格、数量汇总表。
（2）消防专用设备及概算表。

## 5.4　管理房

管理房为机电设备操作人员及灌溉系统运行人员提供值勤、办公和生活等场所，管理房可与泵房合建，也可分开建设。

## 5.5　灌溉水净化处理

对于微灌系统，可根据 GB/T 50485—2009《微灌工程技术规范》的要求进行过滤器的设置，过滤器应根据水质状况和灌水器的流道尺寸进行选择。过滤器应能过滤掉大于灌水器流道尺寸 $1/10 \sim 1/7$ 粒径的杂质，过滤器类型及组合方式可按表 5-10 选择。

表 5-10                                            过 滤 器 选 型

| 水 质 状 况 | | 过滤器类型及组合方式 |
| --- | --- | --- |
| 无机物 | 含量 $<10mg/L$ | 宜采用筛网过滤器（叠片过滤器）或砂过滤器＋筛网过滤器（叠片过滤器） |
| | 粒径 $<80\mu m$ | |
| | 含量 $<10mg/L$ | 宜采用旋流水砂分离器＋筛网过滤器（叠片过滤器）或旋流水砂分离器＋砂过滤器＋筛网过滤器（叠片过滤器） |
| | 粒径 $<80\mu m$ | |
| | 含量 $<10mg/L$ | 宜采用沉淀池＋筛网过滤器（叠片过滤器）或沉淀池＋砂过滤器＋筛网过滤器（叠片过滤器） |
| | 粒径 $<80\mu m$ | |
| 有机物 | $<10mg/L$ | 宜采用砂过滤器＋筛网过滤器（叠片过滤器） |
| | $>10mg/L$ | 宜采用拦污栅＋砂过滤器＋筛网过滤器（叠片过滤器） |

## 5.6  施肥（药）设施

向微灌系统注入可溶性肥料或农药溶液的设备及装置称为施肥（农药）装置。微灌系统中常用的施肥装置有压差式肥料罐、开敞式施肥装置、文丘里注入器、注入泵等。

（1）压差式肥料罐。压差式肥料罐由储液罐、进水管、出水管、调压阀等几部分组成。储液罐容积根据微灌系统控制面积大小（或轮灌组面积大小）及单位面积施肥量，化肥溶液浓度等因素确定。

（2）开敞式施肥装置。开敞式施肥装置包括施肥箱（或修建一个肥料池），肥料箱供水管（及阀门）与水源相连接，输液管及阀门与微灌主管道连接，打开肥料箱供水阀，水进入肥料箱可将化肥溶解成肥液，关闭供水管阀门，打开肥料输液阀，化肥箱中的肥液就自动地随水流输送到灌溉管网及各个灌水器，对作物施肥。

为了确保微灌系统施肥时运行正常并防止水源污染，必须注意：第一，化肥或农药的注入一定放到水源与过滤器之间，使肥液先经过过滤器之后再进入灌溉管道，使未溶解化肥和其他杂质被清除掉，以免堵塞管道及灌水器。第二，施肥和施农药后必须利用清水把残留的在系统内的肥液或农药全部冲洗干净，防止设备被腐蚀。第三，在化肥或农药输液管出口处与水源之间一定要安装逆止阀，防止肥液或农药流进水源，更严禁直接把化肥和农药加进水源而造成环境污染。

## 5.7 量测、控制和保护设施及工作位置

为了保证系统正常运行，在系统中某些位置必须安装阀门、流量计、压力表、流量和压力调节器、安全阀、进排气阀等。

### 5.7.1 阀门

阀门一般选用不锈钢、黄铜、塑料制的，或经过镀铬处理的低压阀门，根据其作用，阀门可分为控制阀、安全阀、进排气阀、冲洗阀等，见表5-11。

表5-11 阀门的分类、作用和优缺点

| 分类 | | 作用 | 优点 | 缺点 | 在系统中的安装部位 |
|---|---|---|---|---|---|
| 控制阀 | 闸阀 | 一般控制 | 启闭力小、阻力小、双向流动 | 结构比较复杂 | 安装在干支管首端 |
| | 球阀 | 快速启闭 | 结构简单、体积小、阻力小 | 速度快易产生水锤 | 安装在干支管末端作冲洗阀 |
| | 截止阀 | 严密控制 | 结构简单、密封性能好、维修方便 | 阻力大、启闭力大 | 系统首部与供水管连接处，施肥施药装置与灌溉水源连接处 |
| | 逆止阀 | 防止倒流 | 供水停止时自动关闭 | | 水泵出水口，供水管与施肥施药装置之间 |
| 安全阀 | | 消除启动阀门过快或突然停机造成的管路中压力突然上升 | | | 安装在水泵出水侧的主干输水管上 |
| 进排气阀 | | 开始输水时防止气阻；供水停止时防止管内出现负压 | | | 安装在系统中供水管以及干、支管和控制竖管的高处 |
| 冲洗阀 | | 定期冲洗管末端的淤泥或微生物团块；停灌时排空管路 | 自动冲洗、排空 | | 安装在支、毛管末端 |

### 5.7.2 流量和压力调节装置

流量调节器是通过自动改变过水断面的大小来调节流量的。目前主要有两

种不同型式结构特点的流量调节器，弹性橡胶环式和硅胶膜套式。

弹性橡胶环式的工作原理是：当管道中的压力不超过额定工作压力时，流量调节器内的弹性橡胶环孔口断面较大，能通过正常的设计流量，当管路中压力增加时，水流就压迫橡胶环使过水断面减少，因此仍能保持流量不变。

压力调节器是用来调节系统中水压使之保持在稳定状态的装置。

### 5.7.3 量测设备

（1）压力表。压力表是灌溉系统中必不可少的测量设备，它可以反映系统是否按设计正常运行，特别是过滤器前后的压力表，它直接指示出过滤器的堵塞情况，以便按规定的要求及时冲洗。

（2）水表。在灌溉系统中，一般利用水表来计量一段时间内通过管道的水流总量或灌溉用水量。水表一般安装在首部枢纽过滤器之后的干管上，也可根据需要安装在相应的支管上。

# 6 田间管网灌水系统设计

根据高效节水灌溉工程的总体布置，经首部枢纽加压（或自压）、净化处理（部分工程水肥、水药一体化）后的有压水流，进入田间管网（干管、分干管、支管、毛管）输配水后由灌水器灌入田间，本书将这一环节称为田间管网灌水系统。本章将重点阐述田间管网灌水系统的构成和作用、不同灌溉模式田间管网灌水系统的设计方法及要点，为田间管网灌水系统设计提供技术参考。

## 6.1 田间管网灌水系统的构成和作用

田间管网灌水系统包括输配水管道、各种管道连接件、管道调节控制件、灌水器及管道附属建筑物等。本节主要介绍输配水管道、各种管道连接件、管道调节控制件等内容，灌水器、管道附属建筑物将在本章后述章节中介绍。

### 6.1.1 输配水管道

输配水管道主要指干管、支管。由于系统规模不同，有时干管分为主干管、分干管。干管承担系统的输水及向支管配水的任务；支管承担其控制范围内的输水及向灌水器配水的任务。

滴灌系统输配水管道还包括毛管，毛管与支管直接相连并设置在支管一侧（单向供水）或两侧（双向供水）。毛管承担向滴头（滴灌灌水器）连续均匀供水的任务。部分工程为了便于对小规模控制或受地形影响需要将支管分为多段调压，可沿支管增设若干条（假设为 $n$）辅管，辅管紧靠支管，并与支管同行，每条辅管长度为支管的长度的 $(1/n)$，辅管与毛管连接，形成支管向辅管供水，辅管向毛管供水的结构模式，如图 6 - 1 所示。

输配水管道种类较多，结合广西糖料蔗高效节水灌溉工程的特点，本书主要介绍固定管道。现介绍管材选择的基本原则和常用管材及适用条件。

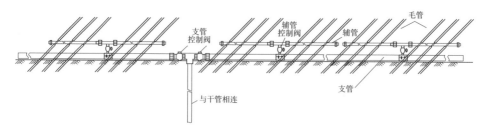

图 6-1  "支管＋辅管＋毛管"管路结构模式示意图

1. 管材选择的基本原则

管材选择时要遵循经济实用、因地制宜、方便施工的原则。面对种类繁多的管材类型，在工程设计和施工过程中选择管材时，建议主要考虑如下因素：

（1）技术要求：

1）符合设计工作压力要求。一般情况下，根据管材的设计工作压力等级，选用塑料硬管时，其允许工作压力不应低于管道设计工作压力的 1.4 倍。当管道可能产生较大水锤压力时，管道允许的工作压力不应小于水锤最大压力。

2）管道外观及耐腐蚀要求。管道外观应符合相关产品标准的要求，并考虑工作环境的状况，满足化学腐蚀的要求。

3）管道与管道、管道与管件以及附属设备连接应方便可靠。连接处应满足工作压力、强度、刚度、抗弯折、抗渗漏及安全性等方面的要求。

4）地埋管道应能承受一定的局部沉陷应力，在农业机具和车辆等外荷载的作用下塑料硬管的径向变形率不应大于 5%。为了保护塑料硬管，一般在过路处在塑料硬管外套混凝土套管。

5）满足运输和施工要求。

（2）经济要求：

1）管材的价格。

2）施工条件，包括运输、当地劳动力资源、施工辅助材料及施工设备等状况，施工难易程度等。

3）工程设计使用年限。

4）建后管理、维护费用等。

2. 常用管材及规格

常用的管道有金属管道，如镀锌钢管、无缝钢管；塑料管道，如硬聚氯乙烯管（PVC-U 管）、聚乙烯管（PE 管）。

（1）钢管。

钢管的优点：承压能力大，工作压力为 1MPa 以上；具有较强的韧性，不易断裂；管件品种齐全；铺设按照方便等。

　　钢管的缺点：价格高；易腐蚀（建议钢管采用地表铺设，地埋铺设易锈蚀），一般使用年限为 30 年。

　　钢管的连接方法一般采用焊接、螺纹连接和法兰连接。常用镀锌钢管、无缝钢管规格见表 6 - 1、表 6 - 2。

表 6 - 1　　　　　　　　　　　　　常用镀锌钢管规格表

| 公称口径 /mm | 外径 /mm | 壁厚 /mm | 镀锌管壁黑铁管增加的重量系数 | |
|---|---|---|---|---|
| | | | 普通钢管 | 加厚钢管 |
| 6 | 10.00 | 2.00 | 1.064 | 1.059 |
| 8 | 13.50 | 2.75 | 1.056 | 1.046 |
| 10 | 17.00 | 3.50 | 1.056 | 1.046 |
| 15 | 21.30 | 3.15 | 1.047 | 1.039 |
| 20 | 26.80 | 3.40 | 1.046 | 1.039 |
| 25 | 33.50 | 4.25 | 1.039 | 1.032 |
| 32 | 42.30 | 5.15 | 1.039 | 1.032 |
| 40 | 48.00 | 4.00 | 1.036 | 1.03 |
| 50 | 60.00 | 5.00 | 1.036 | 1.028 |
| 65 | 75.50 | 5.25 | 1.034 | 1.028 |
| 80 | 88.50 | 4.25 | 1.032 | 1.027 |
| 100 | 114.00 | 7.00 | 1.032 | 1.026 |
| 125 | 140.00 | 7.50 | 1.028 | 1.023 |
| 150 | 165.00 | 7.50 | 1.028 | 1.023 |

表 6 - 2　　　　　　　　　　　无 缝 钢 管 规 格 表　　　　　　　单位：kg/m

| 外径 /mm | 壁　厚/mm | | | | | | | | | | | | |
|---|---|---|---|---|---|---|---|---|---|---|---|---|---|
| | 3 | 3.5 | 4 | 4.5 | 5 | 5.5 | 6 | 6.5 | 7 | 8 | 8.5 | 9 | 10 | 12 |
| 32 | 2.15 | 2.46 | 2.76 | 3.05 | 3.33 | 3.59 | 3.85 | 4.09 | — | — | — | — | — |
| 38 | 2.59 | 2.98 | 3.35 | 3.72 | 4.07 | 4.41 | 4.74 | 5.05 | — | — | — | — | — |
| 42 | 2.89 | 3.32 | 3.75 | 4.16 | 4.56 | 4.95 | 5.33 | 5.69 | — | — | — | — | — |
| 45 | 3.11 | 3.58 | 4.04 | 4.50 | 4.93 | 5.36 | 5.77 | 6.17 | — | — | — | — | — |
| 50 | 3.48 | 4.01 | 4.54 | 5.05 | 5.55 | 6.04 | 6.51 | 6.97 | 7.42 | 8.29 | 8.70 | — | — |
| 54 | 3.77 | 4.36 | 4.93 | 5.49 | 6.04 | 6.58 | 7.10 | 7.61 | 8.11 | 9.08 | 9.54 | — | — |
| 57 | 4.00 | 4.62 | 5.23 | 5.83 | 6.41 | 6.99 | 7.55 | 8.10 | 8.63 | 9.67 | 10.17 | — | — |
| 60 | 4.22 | 4.88 | 5.52 | 6.16 | 6.78 | 7.39 | 7.99 | 8.58 | 9.15 | 10.26 | 10.80 | — | — |
| 63.5 | 4.48 | 5.18 | 5.87 | 6.55 | 7.21 | 7.87 | 8.51 | 9.14 | 9.75 | 10.95 | 11.53 | — | — |

| 外径<br>/mm | 壁　　厚/mm | | | | | | | | | | | | | |
|---|---|---|---|---|---|---|---|---|---|---|---|---|---|---|
| | 3 | 3.5 | 4 | 4.5 | 5 | 5.5 | 6 | 6.5 | 7 | 8 | 8.5 | 9 | 10 | 12 |
| 68 | 4.81 | 5.57 | 6.31 | 7.05 | 7.77 | 8.48 | 9.17 | 9.86 | 10.53 | 11.84 | 12.47 | — | — | — |
| 70 | 4.96 | 5.74 | 6.51 | 7.27 | 8.02 | 8.75 | 9.47 | 10.18 | 10.88 | 12.23 | 12.89 | 13.54 | 14.80 | 17.16 |
| 73 | 5.18 | 6.00 | 6.81 | 7.60 | 8.39 | 9.16 | 9.91 | 10.66 | 11.39 | 12.82 | 13.52 | 14.21 | 15.54 | 18.05 |
| 76 | 5.40 | 6.26 | 7.10 | 7.94 | 8.76 | 9.56 | 10.36 | 11.14 | 11.91 | 13.41 | 14.15 | 14.87 | 16.28 | 18.94 |
| 89 | 6.36 | 7.38 | 8.39 | 9.38 | 10.36 | 11.33 | 12.28 | 13.23 | 14.16 | 15.98 | 16.88 | 17.76 | 19.48 | 22.79 |
| 108 | 7.77 | 9.02 | 10.26 | 11.49 | 12.70 | 13.90 | 15.09 | 16.27 | 17.44 | 19.73 | 20.86 | 21.97 | 24.17 | 28.41 |
| 133 | 11.18 | 12.73 | 14.26 | 15.78 | 17.29 | 18.79 | — | 20.28 | 21.75 | 24.66 | 26.10 | 27.52 | 30.33 | 35.81 |
| 159 | 13.42 | 15.29 | 17.15 | 18.99 | 20.82 | 22.64 | | 24.45 | 26.24 | 29.79 | 31.55 | 33.29 | 36.75 | 43.50 |
| 219 | 18.60 | 21.21 | 23.81 | 26.39 | 28.96 | 31.52 | | 34.06 | 36.60 | 41.63 | 44.13 | 46.61 | 51.54 | 61.26 |
| 273 | 23.26 | 26.54 | 29.80 | 33.05 | 36.28 | 39.51 | | 42.72 | 45.92 | 52.28 | 55.45 | 58.60 | 64.86 | 77.24 |
| 325 | 27.75 | 31.67 | 35.57 | 39.46 | 43.34 | 47.20 | | 51.06 | 54.90 | 62.54 | 66.35 | 70.14 | 77.68 | 92.63 |
| 355 | 38.90 | 43.16 | 47.41 | 51.64 | — | | | 55.87 | 60.12 | 68.46 | 72.63 | 76.80 | 85.08 | 101.51 |
| 377 | 41.34 | 45.87 | 50.39 | 54.90 | | | | 59.39 | 63.87 | 72.80 | 77.25 | 81.68 | 90.51 | 108.02 |
| 426 | 46.78 | 51.91 | 57.04 | 62.15 | | | | 67.25 | 72.33 | 82.47 | 87.52 | 92.56 | 102.59 | 122.52 |
| 450 | — | — | — | — | | | | 71.09 | 76.48 | 87.20 | 92.55 | 97.88 | 108.51 | 129.62 |
| 480 | | | | | | | | 75.90 | 81.65 | 93.12 | 98.84 | 104.54 | 115.91 | 138.50 |
| 530 | — | — | — | — | | | | 83.92 | 90.29 | 102.99 | 109.32 | 115.64 | 128.24 | 153.30 |
| 630 | | | | | | | | 99.95 | 107.55 | 122.72 | 130.28 | 137.83 | 152.90 | 182.89 |

（2）硬聚氯乙烯（PVC-U）管。硬聚氯乙烯（PVC-U）管是按一定的配方比例将聚氯乙烯树脂和各种添加剂均匀混合，加热熔融、塑化后，经挤出、冷却定型而成。

硬聚氯乙烯（PVC-U）管的优点：质量轻、易搬运、内壁光滑、输水阻力小、耐腐蚀和施工安装方便。

硬聚氯乙烯（PVC-U）管的缺点：抗紫外线性能差，多埋于地下以减缓老化速度；当设计压力较高时（≥0.4MPa），管道连接处的施工工艺要求相对较高。

硬聚氯乙烯（PVC-U）管按公称压力分为低压（≤0.4MPa）和中高压两类。按照结构形式分为实壁管、双壁波纹管、加筋管三种。由于双壁波纹管、加筋管承压能力较差（≤0.2MPa），区内高效节水灌溉工程中很少采用。

硬聚氯乙烯（PVC-U）管的连接方式有扩口承插式、套管式、锁紧接头式、螺纹式、法兰式。

　　扩口承插式连接时应用最广的一种管道连接方式。管道主要有扩口加密封圈承插连接和溶剂粘合式承插连接等。根据广西本地实践经验，扩口加密封圈承插连接的效果较好。

　　低压实壁 PVC-U 管及中高压实壁 PVC-U 管常用规格和尺寸见表 6-3 和表 6-4。

表 6-3　　　　　低压实壁 PVC-U 管公称压力和规格尺寸

| 公称外径 dn/mm | 公称壁厚 $e_n$/mm | | | |
| --- | --- | --- | --- | --- |
| | 0.2 | 0.25 | 0.32 | 0.4 |
| | 公称压力/MPa | | | |
| 90 | — | — | 1.8 | 2.2 |
| 110 | — | 1.8 | 2.2 | 2.7 |
| 125 | — | 2.0 | 2.5 | 3.1 |
| 140 | 1.8 | 2.2 | 2.8 | 3.5 |
| 160 | 2.0 | 2.5 | 3.2 | 4.0 |
| 180 | 2.3 | 2.8 | 3.6 | 4.4 |
| 200 | 2.5 | 3.2 | 3.9 | 4.9 |
| 225 | 2.8 | 3.5 | 4.4 | 5.5 |
| 250 | 3.1 | 3.9 | 4.9 | 6.2 |
| 280 | 3.5 | 4.4 | 5.5 | 6.9 |
| 315 | 4.0 | 4.9 | 6.2 | 7.7 |

表 6-4　　　　　中高压实壁 PVC-U 管公称压力和规格尺寸

| 公称外径 dn/mm | 管材 S 系列 SDR 系列和公称压力 | | | | | | |
| --- | --- | --- | --- | --- | --- | --- | --- |
| | S20 SDR41 PN0.63 | S16 SDR33 PN0.8 | S12.5 SDR26 PN1.0 | S10 SDR21 PN1.25 | S8 SDR17 PN1.6 | S6.3 SDR13.6 PN2.0 | S5 SDR11 PN2.5 |
| | 公称壁厚 $e_n$/mm | | | | | | |
| 20 | — | — | — | — | — | 2 | 2.3 |
| 25 | — | — | — | — | 2 | 2.3 | 2.8 |
| 32 | — | — | — | 2 | 2.4 | 2.9 | 3.6 |
| 40 | — | — | 2 | 2.4 | 3 | 3.7 | 4.5 |
| 50 | — | 2 | 2.4 | 3 | 3.7 | 4.6 | 5.6 |
| 63 | 2 | 2.5 | 3 | 3.8 | 4.7 | 5.8 | 7.1 |

| 公称外径 dn/mm | 管材 S 系列 SDR 系列和公称压力 | | | | | | |
|---|---|---|---|---|---|---|---|
| | S20 SDR41 PN0.63 | S16 SDR33 PN0.8 | S12.5 SDR26 PN1.0 | S10 SDR21 PN1.25 | S8 SDR17 PN1.6 | S6.3 SDR13.6 PN2.0 | S5 SDR11 PN2.5 |
| | 公称壁厚 $e_n$/mm | | | | | | |
| 75 | 2.3 | 2.9 | 3.6 | 4.5 | 5.6 | 6.9 | 8.4 |
| 90 | 2.8 | 3.5 | 4.3 | 5.4 | 6.7 | 8.2 | 10.1 |
| 110 | 2.7 | 3.4 | 4.2 | 5.3 | 6.6 | 8.1 | 10 |
| 125 | 3.1 | 3.9 | 4.8 | 6 | 7.4 | 9.2 | 11.4 |
| 140 | 3.5 | 4.3 | 5.4 | 6.7 | 8.3 | 10.3 | 12.7 |
| 160 | 4 | 4.9 | 6.2 | 7.7 | 9.5 | 11.8 | 14.6 |
| 180 | 4.4 | 5.5 | 6.9 | 8.6 | 10.7 | 13.3 | 16.4 |
| 200 | 4.9 | 6.2 | 7.7 | 9.6 | 11.9 | 14.7 | 18.2 |
| 225 | 5.5 | 6.9 | 8.6 | 10.8 | 13.4 | 16.6 | — |
| 250 | 6.2 | 7.7 | 9.6 | 11.9 | 14.8 | 18.4 | — |
| 280 | 6.9 | 8.6 | 10.7 | 13.4 | 16.6 | 20.6 | — |
| 315 | 7.7 | 9.7 | 12.1 | 15 | 18.7 | 23.2 | — |
| 355 | 8.7 | 10.9 | 13.6 | 16.9 | 21.1 | 26.1 | — |
| 400 | 9.8 | 12.3 | 15.3 | 19.1 | 23.7 | 29.4 | — |
| 450 | 11 | 13.8 | 17.2 | 21.5 | 26.7 | 33.1 | — |
| 500 | 12.3 | 15.3 | 19.3 | 23.9 | 29.7 | 36.8 | — |
| 560 | 13.7 | 17.2 | 21.8 | 26.7 | — | — | — |
| 630 | 15.4 | 19.3 | 24.5 | 30 | — | — | — |
| 710 | 17.4 | 21.8 | 27.6 | — | — | — | — |
| 800 | 19.6 | 24.5 | 30.6 | — | — | — | — |
| 900 | 21 | 27.6 | — | — | — | — | — |
| 1000 | 24.5 | 30.6 | — | — | — | — | — |

注　公称壁厚根据设计应力确定。

　　(3) 聚乙烯 (PE) 管。聚乙烯 (PE) 管因材质柔软、质量轻,多用于管沟开挖难以控制的山丘区,管道采用热熔焊接连接,连接处质量容易控制。但聚乙烯 (PE) 管价格较硬聚氯乙烯 (PVC-U) 管高。聚乙烯 (PE) 管按树脂级别分为低密度聚乙烯 (LDPE、LLDPE 或两者混合) 管和 PE63 级乙烯管、PE80 级乙烯管 3 类。广西目前主要采用 PE63 级乙烯管、PE80 级乙烯管,常用规格及尺寸见表 6-5 及表 6-6。

**表 6-5　　　　　PE63 级乙烯管材公称压力和规格尺寸**

| 公称外径 dn/mm | 公称壁厚 $e_n$/mm | | | | |
| --- | --- | --- | --- | --- | --- |
| | 标准尺寸比 | | | | |
| | SDR33 | SDR26 | SDR17.6 | SDR13.6 | SDR11 |
| | 公称压力/MPa | | | | |
| | 0.32 | 0.4 | 0.6 | 0.8 | 1 |
| 16 | — | — | — | — | 2.3 |
| 20 | — | — | — | 2.3 | 2.3 |
| 25 | — | — | 2.3 | 2.4 | 2.3 |
| 32 | — | — | 2.3 | 2.4 | 2.9 |
| 40 | — | 2.3 | 2.3 | 3.0 | 3.7 |
| 50 | — | 2.3 | 2.9 | 3.7 | 4.6 |
| 63 | 2.3 | 2.5 | 3.6 | 4.7 | 5.8 |
| 75 | 2.3 | 2.9 | 4.3 | 5.6 | 6.8 |
| 90 | 2.8 | 3.5 | 5.1 | 6.7 | 8.2 |
| 110 | 3.4 | 4.2 | 6.3 | 8.1 | 10.0 |
| 125 | 3.9 | 4.8 | 7.1 | 9.2 | 11.4 |
| 140 | 4.3 | 5.4 | 8.0 | 10.3 | 12.7 |
| 160 | 4.9 | 6.2 | 9.1 | 11.8 | 14.6 |
| 180 | 5.5 | 6.9 | 10.2 | 13.3 | 16.4 |
| 200 | 6.2 | 7.7 | 11.4 | 14.7 | 18.2 |
| 225 | 6.9 | 8.6 | 12.8 | 16.6 | 20.5 |
| 250 | 7.7 | 9.6 | 14.2 | 18.4 | 22.7 |
| 280 | 8.6 | 10.7 | 15.9 | 20.6 | 25.4 |
| 315 | 9.7 | 12.1 | 17.9 | 23.2 | 28.6 |
| 355 | 10.9 | 13.6 | 20.1 | 26.1 | 32.2 |
| 400 | 12.3 | 15.3 | 22.7 | 29.4 | 36.3 |
| 450 | 13.8 | 17.1 | 25.5 | 33.1 | 40.9 |
| 500 | 15.3 | 19.1 | 28.3 | 36.8 | 45.4 |
| 560 | 17.2 | 21.4 | 31.7 | 41.2 | 50.8 |
| 630 | 19.3 | 24.1 | 35.7 | 46.3 | 57.2 |
| 710 | 21.8 | 27.2 | 40.2 | 52.2 | — |

续表

| 公称外径 dn/mm | 公称壁厚 $e_n$/mm | | | | |
|---|---|---|---|---|---|
| | 标准尺寸比 | | | | |
| | SDR33 | SDR26 | SDR17.6 | SDR13.6 | SDR11 |
| | 公称压力/MPa | | | | |
| | 0.32 | 0.4 | 0.6 | 0.8 | 1 |
| 800 | 24.5 | 30.6 | 45.3 | 58.8 | — |
| 900 | 27.6 | 34.4 | 51.0 | — | — |
| 1000 | 30.6 | 38.2 | 56.6 | — | — |

表 6 - 6　　　　　　　PE80 级乙烯管材公称压力和规格尺寸

| 公称外径 dn/mm | 公称壁厚/mm | | | | |
|---|---|---|---|---|---|
| | 标准尺寸比 | | | | |
| | SDR33 | SDR21 | SDR17 | SDR13 - 6 | SDR11 |
| | 公称压力/MPa | | | | |
| | 0.4 | 0.6 | 0.8 | 1 | 1.25 |
| 16 | — | — | — | — | — |
| 20 | — | — | — | — | — |
| 25 | — | — | — | — | 2.3 |
| 32 | — | — | — | — | 3 |
| 40 | — | — | — | — | 3.7 |
| 50 | — | — | — | — | 4.6 |
| 63 | — | — | — | 4.7 | 5.8 |
| 75 | — | — | 4.5 | 5.6 | 6.8 |
| 90 | — | 4.3 | 5.4 | 6.7 | 8.2 |
| 110 | — | 5.3 | 6.6 | 8.1 | 10 |
| 125 | — | 6 | 7.4 | 9.2 | 11.4 |
| 140 | 4.3 | 6.7 | 8.3 | 10.3 | 12.7 |
| 160 | 4.9 | 7.7 | 9.5 | 11.8 | 14.6 |
| 180 | 5.5 | 8.6 | 10.7 | 13.3 | 16.4 |
| 200 | 6.2 | 9.6 | 11.9 | 14.7 | 18.2 |
| 225 | 6.9 | 10.8 | 13.4 | 16.6 | 20.5 |
| 250 | 7.7 | 11.9 | 14.8 | 18.4 | 22.7 |
| 280 | 8.6 | 13.4 | 6.16 | 20.6 | 25.4 |

| 公称外径 dn/mm | 公称壁厚/mm | | | | |
|---|---|---|---|---|---|
| | 标准尺寸比 | | | | |
| | SDR33 | SDR21 | SDR17 | SDR13-6 | SDR11 |
| | 公称压力/MPa | | | | |
| | 0.4 | 0.6 | 0.8 | 1 | 1.25 |
| 315 | 9.7 | 15 | 18.7 | 23.2 | 28.6 |
| 355 | 10.9 | 16.9 | 21.1 | 26.1 | 32.2 |
| 400 | 12.3 | 19.1 | 23.7 | 29.4 | 36.3 |
| 450 | 13.8 | 21.5 | 7.26 | 33.1 | 40.9 |
| 500 | 15.3 | 23.9 | 29.7 | 36.8 | 45.4 |
| 560 | 17.2 | 26.7 | 33.2 | 41.2 | 50.8 |
| 630 | 19.3 | 30 | 37.4 | 46.3 | 57.2 |
| 710 | 21.5 | 33.9 | 42.1 | 52.2 | |
| 800 | 24.5 | 38.1 | 47.4 | 58.8 | |
| 900 | 27.6 | 42.9 | 53.3 | | |
| 1000 | 30.6 | 47.7 | 59.3 | | |

## 6.1.2 管道连接件

管道连接件通常称之为管件或配件，是管网的重要组成部分。管件主要有三通、四通、弯头、异径接头、堵头等，如图 6-2 所示。三通和四通主要用于上一级管道与下一级管道的连接，对于单向分支用三通，对于双向分支用四通；弯头是转弯和改变坡度时用，一般按转弯中心角的大小分类，常用的有 90°、45°、22.5°等；异径接头又称渐缩管（或渐扩管），是用于连接不同管径的直管段，一般以其前后管径数值来命名；堵头是用于封闭管道的末端，对于小口径管子可用丝堵封闭，大口径管子可用盖板式堵头。管道连接件一般为聚氯乙烯和聚乙烯，PVC-U 和 PE 管件规格见表 6-7 和表 6-8。

## 6.1.3 管道调节控制件

管道调节控制件主要指各类调节控制装置和量测装置。调节控制装置是根据管网系统的要求来控制管道中的水流的流量和压力，如：阀门、减压阀、空气阀等。量测装置主要是监测管网系统的运行情况，如：水表、压力表等。

(a)90°弯头　　　　　(b)45°弯头　　　　　(c)异径三通

(d)内丝接头　　　　　(e)活套　　　　　(f)异径直通

(g)活套直接　　　　(h)外丝螺纹接头　　　　(i)铜内丝管堵

图 6-2　管道连接件

（1）节制阀。节制阀是用以控制管道的启闭和流量调节的设备，闸阀、球阀、蝶阀是高效节水灌溉系统中最常用的种阀门（见图 6-3）。在选择规格型号时，可参照制造厂商提供的产品性能参数。

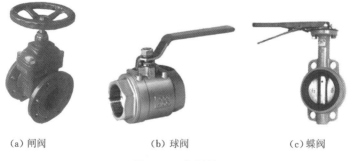

(a)闸阀　　　　　　(b)球阀　　　　　　(c)蝶阀

图 6-3　节制阀

（2）逆止阀。逆止阀又称止回阀，是一种根据阀前后压力差而自动关闭的阀门。它确保水流只能沿一个方向流动，水流倒流时则自动关闭。

表 6 - 7

## PVC - U 管件规格

| 产品名称 | 管箍 | 45°弯头 | 90°弯头 | 异径接头 | 异径接头 | 异径接头 | 正三通 | 异径三通 | 异径三通 | 异径三通 | 管堵 | 法兰 | 外丝接头 | 内丝接头 |
|---|---|---|---|---|---|---|---|---|---|---|---|---|---|---|
| 产品规格 | φ20 | φ20 | φ20 | φ25×20 | φ75×63 | φ160×140 | φ20 | φ25×20 | φ75×63 | φ160×140 | φ20 | φ20 | φ20×1/2" | φ20×1/2" |
| | φ25 | φ25 | φ25 | φ32×20 | φ90×50 | φ200×110 | φ25 | φ32×20 | φ90×50 | φ200×110 | φ25 | φ25 | φ25×3/4" | φ25×3/4" |
| | φ32 | φ32 | φ32 | φ32×25 | φ90×63 | φ200×160 | φ32 | φ32×25 | φ90×63 | φ200×160 | φ32 | φ32 | φ32×1" | φ32×1" |
| | φ40 | φ40 | φ40 | φ40×20 | φ90×75 | φ225×160 | φ40 | φ40×20 | φ90×75 | φ225×160 | φ40 | φ40 | φ40×1 1/4" | φ40×1 1/4" |
| | φ50 | φ50 | φ50 | φ40×25 | φ110×50 | φ250×110 | φ50 | φ40×25 | φ110×50 | φ250×110 | φ50 | φ50 | φ50×1 1/2" | φ50×1 1/2" |
| | φ63 | φ63 | φ63 | φ40×32 | φ110×63 | φ250×160 | φ63 | φ40×32 | φ110×63 | φ250×160 | φ63 | φ63 | φ63×2" | φ63×2" |
| | φ75 | φ75 | φ75 | φ50×20 | φ110×75 | φ250×200 | φ75 | φ50×20 | φ110×75 | φ250×200 | φ75 | φ75 | φ75×2 1/2" | φ75×2 1/2" |
| | φ90 | φ90 | φ90 | φ50×25 | φ110×90 | φ315×160 | φ90 | φ50×25 | φ110×90 | φ315×160 | φ90 | φ90 | φ90×3" | φ90×3" |
| | φ110 | φ110 | φ110 | φ50×32 | φ125×63 | φ315×200 | φ110 | φ50×32 | φ125×63 | φ315×200 | φ110 | φ110 | | |
| | φ125 | φ125 | φ125 | φ50×40 | φ125×75 | φ315×250 | φ125 | φ50×40 | φ125×75 | φ315×250 | φ125 | φ125 | | |
| | φ140 | φ140 | φ140 | φ63×25 | φ125×90 | φ400×200 | φ140 | φ63×25 | φ125×90 | φ400×200 | φ140 | φ140 | | |
| | φ160 | φ160 | φ160 | φ63×32 | φ125×110 | φ400×250 | φ160 | φ63×32 | φ125×110 | φ400×250 | φ160 | φ160 | | |
| | φ200 | φ200 | φ200 | φ63×40 | φ140×90 | φ400×315 | φ200 | φ63×40 | φ140×90 | φ400×315 | φ200 | φ200 | | |
| | φ225 | φ225 | φ225 | φ63×50 | φ140×110 | | φ225 | φ63×50 | φ140×110 | | φ225 | φ225 | | |
| | φ250 | φ250 | φ250 | φ75×32 | φ160×90 | | φ250 | φ75×32 | φ160×90 | | φ250 | φ250 | | |
| | φ315 | φ315 | φ315 | φ75×40 | φ160×110 | | φ315 | φ75×40 | φ160×110 | | φ315 | φ315 | | |
| | φ400 | φ400 | φ400 | φ75×50 | φ160×125 | | φ400 | φ75×50 | φ160×125 | | φ400 | φ400 | | |

表6-8　PE管件规格

| 产品名称 | 直通 | 承接直通 | 变径直通 | 承插旁通 | 阳纹直通 | 90°弯通 |
|---|---|---|---|---|---|---|
| 产品规格 | φ16（滴灌带用） | φ16（滴灌带用） | φ25×20 | φ16（滴灌带用） | φ32×1" | φ20×20 |
| | φ20 | φ18（滴灌管用） | φ32×25 | φ16（滴灌管用） | φ63×2" | φ25×25 |
| | φ25 | φ32 | φ40×32 | φ18（滴灌管用） | φ75×2.5" | φ32×32 |
| | φ32 | φ63 | φ50×32 | 堵头 | 阴纹直通 | φ40×40 |
| | φ40 | φ75 | φ50×40 | φ16（滴灌管用） | φ32×1" | φ50×50 |
| | φ50 | φ90 | φ63×32 | φ18（滴灌管用） | 阳纹承接直通 | φ63×63 |
| | φ63 | 钢卡 | φ63×40 | φ25 | φ63×2" | φ75×75 |
| | φ75 | φ16 | φ63×50 | φ32 | φ75×2.5" | φ90×90 |
| | φ90 | φ63 | φ75×63 | φ40 | 阳对丝 | φ110×110 |
| | φ110 | φ75 | φ90×75 | φ50 | 3/4" | φ160×160 |
| | φ125 | φ90 | φ110×90 | φ63 | 1" | 阴阳三通 |
| | φ160 | | φ125×110 | φ75 | 阴对丝 | 2"阳×2"阴×1"阳 |
| | | | φ160×125 | | 1" | 2.5"阳×2.5"阴×2.5"阳 |

| 产品名称 | 阳纹弯头 | 中心阳纹承插三通 | 快接三通 | 变径三通 | 承接四通 |
|---|---|---|---|---|---|
| 产品规格 | φ32×1" | φ32×1"×32 | φ20 | φ25×20 | φ110×50 |
| | φ63×2" | φ63×1"×63 | φ25 | φ32×25 | φ160×32 |
| | φ75×2.5" | φ75×1"×75 | φ32 | φ40×32 | 承接四通 |
| | φ32×1.5" | φ75×1.5°×75 | φ40 | φ50×32 | φ32×16×16×32 |
| | 按扣三通 | 中心阳纹三通 | φ50 | φ50×40 | 指环胶圈 |
| | φ16×12×16 | φ32×1"×32 | φ63 | φ63×32 | 矩形胶圈 |
| | 按扣堵头 | φ40×1.5"×40 | φ75 | φ63×40 | φ63 |
| | φ13 | φ63×2"×63 | φ90 | φ75×50 | φ75 |
| | 四耳阳纹鞍座 | 承插三通 | φ110 | φ75×63 | φ90 |
| | φ63×1" | φ75×2.5"×75 | φ125 | φ90×63 | 用于φ16旁通、按扣三通和φ18旁通 |
| | φ75×1.5" | φ32×16×32 | φ160 | φ110×32 | |
| | φ63×1" | φ90×75×90 | | | |
| | φ75×1.5" | | | | |

（3）电磁阀。电磁阀基本功能与闸阀、球阀、蝶阀等相同，但电磁阀是自动化灌溉控制系统的执行器。其作用是根据控制设备发出的电信号开启和关闭管路中的水流。电磁阀一般都具有电动操作和手动操作两种方式，确保停电情况下，可用手动操作。电磁阀在选择规格型号时，可参照制造厂商提供的产品性能参数。典型电磁阀如图 6-4 所示。

(a)P-220 型电磁阀　　　(b)EZ-FLO 型电磁阀　　　(c)P-150 型电磁阀

图 6-4　典型电磁阀

（4）空气阀。管道系统开始工作时，在系统的最高位置和管道隆起的顶部常会积累一部分空气，即使开始没有空气，水在流动过程中也会分离出空气，这些空气聚集在高处无法排出。这导致一方面影响过水面积，另一方面空气在水的压力下不断压缩，导致水力冲击，影响管道安全。因此，为避免负压，消除水锤破坏，一般在管道高处按照空气阀。现有工程的一般经验，管网沿途所设置的进排气阀通气面积的折算直径不应小于管道直径的 1/4。空气阀建议安装位置如图 6-5 所示。

（5）减压阀。减压阀的作用是在设备或管道内的水压力超过工作压力时自动减低所需压力。当在地势很陡，管轴线急剧下降使管内压力超过工作压力时，或管道内的压力不均衡，需要对管道压力进行调节时，可以用调压阀调整管网压力分布。选择调压阀是一定要确定减压阀进口和出口压力。

（6）安全阀。安全阀的作用是减少管道内压力超过规定值。安全阀通常装在主管路上，当管路中的压力超过设定值时，自动泄水，将压力降下来以保护管网。大型系统或坡度较大的输水系统都应安装。

（7）真空破坏阀。地埋式滴灌为了防止支管控制阀门关闭时出现管道负压，引起毛管中的水倒流，吸入泥堵塞滴头，一般在支管阀门后安装真空破坏阀。

（8）冲洗阀。冲洗阀的作用是定期冲洗管道内的淤泥或微生物团块，并在停灌时排空水管，一般安装在干、支管末端。

（9）流量（水量）测量装置。灌溉管网系统中常用的流量（水量）测量设施主要有 LXS 型旋翼湿式水表、LXL 型水平螺翼式水表，以及电磁流量计、超

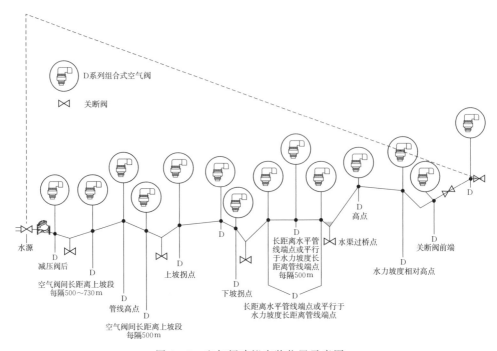

图 6-5 空气阀建议安装位置示意图

声波流量计等，各自有不同的特点和适用条件，应根据适用条件进行合理选择。

特别强调，由于水质对水表运行有影响，在选择水表时必须要考虑系统首部的过滤能力，确保水表不会因於堵影响正常运行。

（10）压力测量装置。

1）压力表。压力表类型较多，选择压力表时必须考虑如下因素：一是压力测量的范围和所需要的精度；二是静负荷下工作值不应超过刻度值的 2/3，在波动负荷下，工作值不应超过刻度值的 1/2，最低工作值不应低于刻度值的 1/3。

2）压差/压力变送器。压差/压力变送器直接用来测量压差、压力，可将信号传送到中控系统进行监测和遥控。

## 6.2 灌水器的选型

灌水器的作用是把配水管道的压力水流均匀而又稳定地灌到作物根区附近的土壤中，灌水器质量的好坏直接影响灌溉系统的寿命及灌水的质量。灌水器种类繁多，各有其特点，适用条件也各有差异。本节将重点介绍滴灌、喷灌、微喷灌的灌水器主要型号及特点。

### 6.2.1　滴灌（微喷灌）灌水器

滴灌对灌水器的一般要求为：制造偏差小，一般要求灌水器的制造偏差系数 $C_V$ 值应控制在 0.07 以下；出水量小而稳定，受水头变化的影响较小；抗堵塞性能强；结构简单，便于制造、安装、清洗；坚固耐用，价格低廉。

1. 滴头

滴灌是通过毛管、滴头将有压水流均匀分配到作物根部的灌水装置。通过流道或孔口将毛管中的压力水流变成滴状或细流状的装置称为滴头，其流量一般不大于 12L/h。按滴头的结构可把它分为：

（1）长流道型滴头。长流道型滴头是靠水流与流道壁之间的摩阻消能来调节出水量的大小。如微管滴头、内螺纹管式滴头等。

（2）孔口型滴头。孔口型滴头是靠孔口出流造成的局部水头损失来消能调节出量的大小。微喷灌属于此类。

（3）涡流型滴头。涡流型滴头是靠水流进入灌水器的涡室内形成的涡流来消能调节出水量的大小。水流进入涡室内，由于水流旋转产生的离心力迫使水流趋向涡室的边缘，在涡流中心产生一低压区，使中心的出水口处压力较低，因而调节出流量。

以上三类滴头属于非压力补偿式滴头，其流量取决于工作压力和流道的几何尺寸。

（4）压力补偿型滴头。压力补偿型滴头是利用水流压力对滴头内的弹性体（片）的作用，使流道（或孔口）形状改变或过水断面面积发生变化，即当压力减小时，增大过水断面积。压力增大时，减小过水断面积，从而使滴头出流量自动保持稳定，同时还具有自清洗功能。部分厂家的压力补偿型滴头见表 6-9。

表 6-9　　　　　部分厂家压力补偿型滴头产品

| 滴头名称或型号 | 流量/（L/h） | 工作压力范围/kPa | 备注 |
|---|---|---|---|
| RAM | 1.2、1.6、2.3、3.5 | 50～400 | |
| EM-M | 1.9、3.8、7.6 | 70～340 | 140kPa 时的流量 |
| Lego | 1.6、2.2、3.5 | 60～400 | |
| KATIF | 2.28、2.83、3.76、8.27 | 60～300 | 100kPa 时的流量 |
| SUPERTIE | 3.91、8.10、11.8 | 60～300 | 100kPa 时的流量 |
| 绿源 | 2.3、3.7 | 60～350 | |
| LBC | 2.2、3.0、4.0 | 50～420 | |

### 2. 滴灌管（微喷带）

滴头与毛管制造成一整体，兼具配水和滴水功能的管称为滴灌管（带）。按滴灌管（带）的结构可分为以下两种：

（1）内镶式滴灌管。在毛管制造过程中，将预先制造好的滴头镶嵌在毛管内的滴灌管称为内镶式滴灌管。内镶式滴头有两种，一种是片式，另一种是管式。不同形式的内镶式滴灌管如图6-6所示。

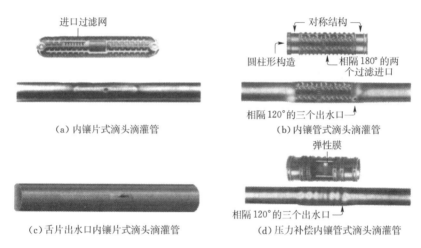

（a）内镶片式滴头滴灌管　　　　　　（b）内镶管式滴头滴灌管

（c）舌片出水口内镶片式滴头滴灌管　　（d）压力补偿内镶管式滴头滴灌管

图6-6　不同形式的内镶式滴灌管

（2）薄壁滴灌带。目前国内使用的薄壁滴灌带有两种。一种是在厚0.2～1.0mm的薄壁软管上按一定间距打孔，灌溉水由孔口喷出湿润土壤，微喷灌属于此类；另一种是在薄壁管的一侧热合出各种形状的流道，灌溉水通过流道以滴流的形式湿润土壤。不同形式滴灌带如图6-7所示。

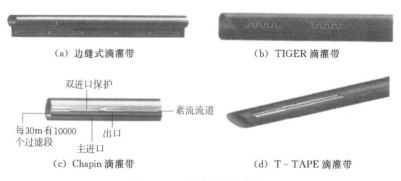

（a）边缝式滴灌带　　　　　　　　（b）TIGER滴灌带

（c）Chapin滴灌带　　　　　　　　（d）T-TAPE滴灌带

图6-7　不同形式滴灌带

（3）管上补偿式滴头。管上补偿式滴头是安装在毛管上并具有压力补充功能的灌水器。它的特点是可根据需要，自行在管上安装滴头，安装灵活，能自动调节出水量和自清洗，出水均匀性较高。但制作复杂，价格较高。较适合果树管灌。

3. 滴灌管（微喷带）选型

滴头是滴灌系统的心脏，一个滴灌工程设计的好坏，很大程度上取决于滴头的选择正确与否，它不仅决定着工程投资的大小，也决定管理是否方便和灌溉质量的优劣。

（1）滴灌管（带）选择应考虑的因素。滴头选择受多种因素的制约和影响，主要凭借设计人员的经验，并通过分析计算确定。一般选择滴头时应考虑如下因素：

1）作物的种类和种植模式。本书主要针对糖料蔗进行介绍。滴头（微喷带）选型主要受糖料蔗种植模式的影响较大。糖料蔗属于条播作物，要求带状湿润土壤。若糖料蔗采用宽窄行种植，从提高水肥利用效率、节约用水的角度考虑，一般建议用滴灌，直接将水肥输至作物根部，进行局部灌溉，滴头流量由土壤质地决定。若糖料蔗属于均匀行种植，无法实现局部灌溉，建议采用微喷带，进行全面灌溉。但从提高水肥利用效率，便于机械化、水利化发展的角度，建议发展糖料蔗高效节水灌溉的区域应大力推进宽窄行种植。

2）土壤质地。土壤质地对滴灌入渗影响很大，对于砂土，宜采用流量较大的滴头，以增强水分横向扩散范围。对于黏性土壤，宜采用流量小的滴头，以避免造成地表径流。不同土壤质地灌水器选择标准见表 6-10。

表 6-10　　　　　　　　　　　不同土壤质地灌水器选择标准

| 土 壤 质 地 | 灌 水 器 选 择 | |
| --- | --- | --- |
| | 流量/(L/h) | 滴孔间距/m |
| 砂土 | 2.1~3.2 | 0.3 |
| 壤土 | 1.5~2.1 | 0.3~0.5 |
| 黏土 | 1.0~1.5 | 0.4~0.5 |

3）工作压力及范围。任何滴头都有适宜的工作压力和范围。工作压力大，对地形的适应性好，但能耗大。如：压力补偿式滴头所需工作压力较大；一次性薄壁滴灌带承受的压力有限。项目区地形条件直接决定了滴头的工作压力变化幅度，是滴头选择的重要考虑因素。

4）流量压力关系。灌水器流量对压力变化的敏感程度直接影响灌水质量，选择流态指数小的灌水器对提高灌水均匀度有利，但需结合系统抗堵塞性能进行选择。

5）制造精度。滴灌出水均匀度与其制造精度密切相关，在许多情况下，滴头的制造精度偏差所引起的流量变化，有时超过水力学引起的流量变化。

6）对温度变化的敏感性。滴头流量对水温的敏感程度取决于两个因素：水流状态，层流型滴头的流量随水温的变化而变化，而紊流型滴头的流量受水温的影响小；滴头的某些零件的尺寸和性能易受水温的影响，如压力补偿滴头所用的弹性片。

7）对堵塞的敏感性。滴头对堵塞的敏感性主要取决于滴头的流道尺寸和滴头内的水流速度。抗堵塞能力差的滴头要求配备高精度的过滤系统，将增大系统的造价。滴头流道大、流速高，抗堵塞能力强，但流量将加大，也将增大系统造价。

8）价格。一个滴灌系统有数量巨大的滴头，其价格的高低对工程投资的影响很大。

（2）滴灌管（带）选择的原则。

1）滴头类型的选择。地表滴灌（微喷灌）不易回收且在砍蔗时易损坏，建议采用一次性滴灌带；地埋滴灌要基本与糖料蔗的宿根期一致，建议采用多年使用的滴灌带；地形平坦，毛管铺设长度不超过80m，建议采用非压力补偿滴灌带；地形起伏大或毛管铺设长度较长，建议采用压力补偿式滴灌带。

2）滴头流量的选择。滴头流量选择的主要依据是土壤质地，为了降低系统投资，在可能的情况下应选择小流量滴头；滴头流量必须满足湿润比的要求；滴头的流量必须满足灌溉制度要求，如果在规定的灌水周期内和系统设计工作时间内，滴头流量应满足设计灌水量。

国内外部分厂家滴灌管主要参数见表6-11，国内外部分厂家微喷带主要参数见表6-12。

表6-11　　　　　　　　国内外部分厂家滴灌管主要参数表

| 厂家/产品名称 | 性能指标 | 参数 | 备　　注 |
|---|---|---|---|
| 大禹压力补偿式滴灌管 | 壁厚/mm | 0.4～1.4 | 适用于山地、长距离条播作物和果园、葡萄园、林带绿化等。可地上铺设，也可埋地使用；有高低流量选择范围；不受灌溉地形和坡度的影响 |
|  | 滴头间距/mm | 300～2000 |  |
|  | 直径/mm | 16，18，20 |  |
|  | 流量/(L/h) | 3～20 |  |
|  | 工作压力/Bars | 1.5～4 |  |
| 新疆天业单翼迷宫式滴灌带 | 壁厚/mm | 0.18 | 适用于温室、大棚、大田沿作物行铺设，平地最大铺设长度194m |
|  | 滴头间距/mm | 300～400 |  |
|  | 直径/mm | 16 |  |
|  | 流量/(L/h) | 1.8～2.5 |  |
|  | 工作压力/Bars | 0.5～1 |  |

| 厂家/产品名称 | 性能指标 | 参数 | 备　　注 |
|---|---|---|---|
| 新疆天业压力补偿式滴灌管 | 壁厚/mm | 1 | 适用于果园、葡萄园、树木绿化等。特别适用于高差显著地或需要长距铺设滴灌管的工程 |
| | 滴头间距/mm | 可调 | |
| | 直径/mm | 16，20 | |
| | 流量/(L/h) | 4，6，8 | |
| | 工作压力/Bars | 补偿 | |
| 新疆天业内镶式滴灌管 | 壁厚/mm | 0.2～0.4 | 广泛用于城市、园林绿化、花卉、蔬菜 |
| | 滴头间距/mm | 可调 | |
| | 直径/mm | 16，20 | |
| | 流量/(L/h) | 23，25 | |
| 恩宝 HL 系列滴灌带 | 壁厚/mm | 0.15～0.38 | 高级抗堵塞型滴灌带，广泛应用于各种大田作物与温室灌溉，典型应用如甘蔗地埋滴灌、温室大棚蔬菜栽培等。可地埋 |
| | 滴头间距/mm | 可调 | |
| | 直径/mm | 16 | |
| | 工作压力/Bars | 1 | |
| 恩宝 UB1617 高等级废水用压力补偿滴灌管 | 壁厚/mm | 1.2 | 广泛应用于经处理过的废水灌溉。可安装于地面上，或埋入地下。可用于大型项目，亦可用于运动场及民用设施。可用于灌溉草坪、树木及花卉 |
| | 滴头间距/mm | 可调 | |
| | 直径/mm | 17 | |
| | 流量/(L/h) | 1.6～2.3 | |
| | 工作压力/Bars | 0.5～4 | |
| 恩宝 HS 系列滴灌管 | 壁厚/mm | 0.25～0.6 | 广泛应用于各种大田作物、果树及温室灌溉，典型应用如甘蔗地埋滴灌、果树滴灌、温室与大棚蔬菜及花卉栽培等，该产品性价比极高，经久耐用 |
| | 滴头间距/mm | 200～1500 | |
| | 直径/mm | 16～22 | |
| | 流量/(L/h) | 1.65 | |
| | 工作压力/Bars | 1.2～3.4 | |
| 恩宝 H 系列滴灌管 | 壁厚/mm | 0.6～1.1 | 超级抗堵塞型滴灌管内镶圆柱形滴头，超宽、超长、迷宫流道、水流长，紊流形势，最大程度减少可能产生细小杂质的沉积。H 系列滴灌管的每个滴头带有两个出水口。两个出水孔的滴头可有效减少在关水时候滴头吸入细小杂质 |
| | 滴头间距/mm | 15 | |
| | 直径/mm | 12～20 | |
| | 流量/(L/h) | 1.2 | |
| | 工作压力/Bars | 0.8～2.0 | |
| 恩宝 HP 系列滴灌管 | 壁厚/mm | 0.6～0.9 | 用于所有作物，特别适用于坡地和需要长距离铺设的压力补偿滴头内置型滴灌管 |
| | 滴头间距/mm | 0.5 | |
| | 直径/mm | 12～20 | |
| | 流量/(L/h) | 1.05 | |
| | 工作压力/Bars | 0.8～3.5 | |

续表

| 厂家/产品名称 | 性能指标 | 参数 | 备注 |
|---|---|---|---|
| 恩宝 HP 系列<br>滴灌管 | 壁厚/mm | 0.6 | 用于所有作物、埋地式滴灌系统、山地及坡地滴灌系统、温室苗圃脉冲式滴灌。内置防滴功能，可防止在系统关水后将滴灌管中的水滴空 |
| | 滴头间距/mm | 0.5 | |
| | 直径/mm | 12~20 | |
| | 流量/(L/h) | 1.05~3.6 | |
| | 工作压力/Bars | 0.1 | |
| 拉斐尔<br>SUPERCOMPACT-<br>紧凑式迷宫<br>滴头滴灌管 | 壁厚/mm | 0.65 | 经济型内嵌式迷宫超短滴头 |
| | 滴头间距/mm | 最小 15cm | |
| | 直径/mm | 16 | |
| | 流量/(L/h) | 1.4 | |
| 拉斐尔<br>ULTRA-圆柱形<br>滴头滴灌管 | 壁厚/mm | 0.9~1.25 | 特别适合快速铺设和卷收作业 |
| | 直径/mm | 16~20 | |
| | 流量/(L/h) | 1.3~7.0 | |
| 拉斐尔 IDIT-<br>圆柱形滴头<br>滴灌管 | 壁厚/mm | 0.9~1.15 | 可生产抗根系缠绕型，用于地下灌溉。独特的双入口技术，保证进入滴头的水流洁净，滴头流量均匀 |
| | 直径/mm | 16 | |
| | 流量/(L/h) | 1.4~9.6 | |
| 拉斐尔 LIN-扁平内<br>镶式滴头滴灌管 | 壁厚/mm | 0.2~1.2 | 入口过滤面积大、紊流流道、抗堵塞能力强、滴头流量均一、工作压力高、运输方便 |
| | 直径/mm | 12~22 | |
| 拉斐尔 ASSIF-微型<br>扁平压力补偿<br>防虹吸滴头滴管 | 壁厚/mm | 0.4~1.2 | 微型 CAS 滴头流量稳定，适应复杂地形。防虹吸构造避免堵塞滴头，特别适合地下滴灌 |
| | 直径/mm | 16~25 | |
| | 流量/(L/h) | 0.8~1.6 | |
| 拉斐尔 INBAR-<br>防滴漏压力<br>补偿滴灌管 | 壁厚/mm | 0.4~1.2 | 微型经济的防滴漏滴头，流量稳定，适应复杂地形，压力变化大。精确稳定的控制灌溉时间。避免土壤颗粒堵塞滴头，特别适合地下滴灌 |
| | 直径/mm | 16~25 | |
| | 流量/(L/h) | 0.8~1.6 | |
| 拉斐尔 INBAR-<br>防滴漏压力<br>补偿滴灌管 | 壁厚/mm | 0.4~1.2 | 微型经济滴头流量稳定，适应复杂地形，压力变化大。流道入口过滤面积大。适合杂质较多的水源 |
| | 直径/mm | 16~25 | |
| | 流量/(L/h) | 0.8~1.6 | |
| 拉斐尔 ADI-<br>柱状压力补偿<br>滴灌管 | 直径/mm | 16~20 | 宽式流道，适用于杂质含量高的水源。灌溉启动和结束时，自动清洗滴头 |
| | 流量/(L/h) | 1.6~3.5 | |
| | 工作压力/Bars | 4.3 | |
| 耐特菲姆<br>Landline™滴灌管 | 直径/mm | 8 | 很容易安装；耐用可靠，使用寿命长 |
| | 流量/(L/h) | 2 | |
| | 工作压力/Bars | 2 | |

续表

| 厂家/产品名称 | 性能指标 | 参数 | 备　　注 |
|---|---|---|---|
| 耐特菲姆<br>Scapeline™<br>内镶式厚壁滴灌管 | 壁厚/mm | 2.4 | 适用于任何形状的种植区域，可承受高温和阳光直射。适用于地表安装，疾风区，花园，树林，灌木丛和菜园，膜下滴灌，地势平坦灌区，狭长形种植区域 |
| | 滴头间距/mm | 30～100 | |
| | 直径/mm | 16.6 | |
| | 流量/(L/h) | 1.5～4.0 | |
| | 工作压力/Bars | 3 | |
| 耐特菲姆泰克<br>Techline™<br>滴灌管 | 壁厚/mm | 2.4 | 地表和地埋安装，坡地，多风地区，易遭人为破坏的地方，林地，弯曲的、狭窄的和不规则的绿化地块，灌木丛和树木，花坛，屋顶花园，种植墙，运动草坪，网球场和高尔夫球场，交通繁忙或及为不方便的地块 |
| | 滴头间距/mm | 30～100 | |
| | 直径/mm | 16.1 | |
| | 流量/(L/h) | 1.5～4.0 | |
| | 工作压力/Bars | 1.0～2.3 | |
| 耐特菲姆比奥<br>Bioline™<br>防虹吸灌溉管 | 壁厚/mm | 2.4 | 适合用回收水灌溉；地埋安装 |
| | 滴头间距/mm | 30～100 | |
| | 直径/mm | 16.1 | |
| | 流量/(L/h) | 1.0～2.3 | |
| | 工作压力/Bars | 0.5～4.0 | |
| 耐特菲姆优泰克<br>UniTechline™<br>CV 滴灌管 | 壁厚/mm | 2.4 | 整个毛管可达到100％给水和给肥均匀度压力补偿，连续自清洗滴头，有防虹吸功能，可适合任何种植地形 |
| | 滴头间距/mm | 30～100 | |
| | 直径/mm | 17 | |
| | 流量/(L/h) | 1.0～2.3 | |
| | 工作压力/Bars | 0.5～4.0 | |
| 耐特菲姆<br>薄壁滴灌管<br>Streamline™ | 滴头间距/mm | 30～100 | 迷宫型紊流流道保证了大水流通道。大、深及宽的流道断面改善了抗堵性能；滴头内宽大的过滤面积，提高了抗堵性能 |
| | 直径/mm | 17 | |
| | 流量/(L/h) | 1.0～2.3 | |
| 耐特菲姆海卓<br>Hydra™滴灌管 | 壁厚/mm | 0.34～0.38 | 滴头内宽大的过滤面积和流道断面，提高了抗堵性能；管线壁厚可以基于设计灌溉季节数进行选择；可以回收保存和再使用 |
| | 直径/mm | 17 | |
| | 流量/(L/h) | 1.0～2.3 | |
| | 工作压力/Bars | 0.5～4.0 | |
| 英特泰克（Intertec）<br>重力滴灌管 | 壁厚/mm | 0.6 | 可脱离水泵或管网，利用高于50cm的蓄水池自压灌溉；滴头可随时拆洗，从根本上延长滴灌管使用寿命；在不同压力下保证首末行滴灌管灌水均匀。推荐滴灌管敷设长度不大于15m |
| | 直径/mm | 10 | |
| | 流量/(L/h) | 0.6～1.0 | |
| | 工作压力/Bars | 5～10 | |

表 6-12 国内外部分厂家微喷带主要参数表

| 产品名称 | 规格 | 内径/mm | 壁厚/mm | 通用滴孔间距/mm | 孔径/mm | 爆破压力/(kgf/cm²) | 水头0.5m时的流量/[L/(h·m)] | 双边最大喷洒宽度/m | 备注 |
|---|---|---|---|---|---|---|---|---|---|
| 双翼微喷带 | N60 五孔 | 38.2 | 0.25 | 200 | 0.7 | 1.5 | 100 | 6 | |
| | N80 五孔/七孔 | 50.2 | 0.3 | 200 | 0.7 | 1.5 | 100/155 | 8 | |
| 悬挂式微喷带 | N50 九孔 | 31.8 | 0.22 | 200 | 0.4/0.5 | 1.5 | 100/110 | 5 | |
| 平铺式微喷带 | N45 二孔 | 28.7 | 0.19 | 180 | 0.5 | 1 | 40 | 3 | 江西微雨润 |
| | N45 五孔 | 28.7 | 0.19 | 150 | 0.5 | 1.5 | 60 | 4 | |
| | N50 五孔 | 31.8 | 0.22 | 200 | 0.5 | 1.5 | 70 | 4 | |
| | N60 五孔 | 38.2 | 0.25 | 200 | 0.7 | 1.5 | 100 | 6 | |
| | N80 五孔/七孔 | 50.2 | 0.3 | 200 | 0.7 | 1.5 | 110/155 | 8 | |
| | N100 五孔/七孔 | 63.7 | 0.35 | 180 | 0.7 | 1.5 | 120/165 | 8 | |

| 英特泰克微喷带 | 规格 | 铺设长度/m | 标准件/(米/卷) | 孔径/mm | 百米流量/(m³/h) | 双边最大喷洒宽度/m | 备注 |
|---|---|---|---|---|---|---|---|
| | 斜6孔 | 100 | 100 | 0.7 | 16.3 | 6 | 天津英特泰克(Intertec)微喷带 |
| | 斜3孔 | 50 | 50 | 0.7 | 8.1 | 5.5 | |
| | 斜3孔 | 100 | 100 | 0.8 | 8.3 | 4.5 | |

| 奥特普双翼型微喷带 | 规格 | 铺设长度/m | 孔间距/mm | 孔径/mm | 承压/MPa | 双边最大喷洒宽度/m | 备注 |
|---|---|---|---|---|---|---|---|
| | 订制 | 100 | 70~80 | 0.35~0.5 | 0.1~0.2 | | 奥特普双翼型微喷带 |

## 6.2.2 喷灌灌水器

喷头是喷灌系统最重要的部件，压力水经过它喷射到空中，散成细小水滴并均匀散落到它所控制的灌溉面积上，亦称为喷洒器。它的作用和任务是将水流的压力能量转变为动能。喷射到空中形成雨滴，均匀分配洒布到灌溉面积上，对作物进行灌溉。喷头可以安装在固定的或移动的管路上、行喷机组的输水管上以及绞盘式喷灌机的牵引架上，并与其相匹配的机、泵等组成一个完整的喷灌机或喷灌系统。喷头性能的好坏以及对它的使用是否妥当，将对整个喷灌系统或喷灌机的喷洒质量、经济性和工作可靠性等起决定性作用。

1. 喷头

可按不同的方法对喷头进行分类。如按喷头的工作压力（或射程）、工作特征和材质等对其分类，一般用得最多的有下列两种。

（1）按工作压力和射程分类。按工作压力和射程大小，大体上可以把喷头分为微压喷头、低压喷头（或称近射程喷头）、中压喷头（或称中射程喷头）和高压喷头（或称远射程喷失）四类，见表6-13。

表6-13　　　　　　　　　　喷头按工作压力和射程分类表

| 类别 | 工作压力/kPa | 射程/m | 流量/(m³/h) | 特点及使用范围 |
|---|---|---|---|---|
| 微压喷头 | 50~100 | 1~2 | 0.008~0.3 | 耗能量省＋雾化好，适用于微喷灌溉系统，可用于花卉、园林、温室作物的灌溉 |
| 低压喷头（近射程喷头） | 100~200 | 2~15.5 | 0.3~2.5 | 耗能少，水滴打击强度小，主要用于菜地、果园、苗圃、温室、公园、草地、连续自走行喷灌机等 |
| 中压喷头（中射程喷头） | 200~500 | 15.5~42 | 2.5~32 | 均匀度好，喷灌强度适中，水滴合适，适用范广，如公园、草地、果园、菜地、大田作物、经济作物及各种土壤等 |
| 高压喷头（远射程喷头） | >500 | >42 | >32 | 喷灌范围大。生产率高，耗能高，水滴大，适用于对喷洒质量要求不太高的大田、牧草等的灌溉 |

（2）按结构型式和喷洒特征分类。按喷头结构型式和喷洒特征，可以分为旋转式（射流式）喷头、固定式（散水式、漫射式）喷头、喷洒孔管3类。此外还有一种同步脉冲式喷头。

1）旋转式喷头。这是绕其自身铅垂轴线旋转的一类喷头。它把水流集中呈股状。在空气作用下碎裂，边喷洒边旋转。因此，它的射程较远，流量范围大，喷灌强度较低，均匀度较高，是中射程和远射程喷头的基本形式，也是目前国内外使用最广泛的一类喷头。但要限制这类喷头的旋转速度，并应使喷头安装铅直以保证基本匀速转动。

因为驱动机构和换向机构是旋转式喷头的重要部件，因此，根据驱动机构的特点，旋转式喷头还可以分成为摇臂式（撞击式）、叶轮式（蜗轮蜗杆式）和反作用式三种。其中摇臂式喷头根据导水板的形式还可分为固定导流板式摇臂喷头和楔导水摆块式摇臂喷头；反作用式喷头还可分为钟表式、垂直摆臂式、全对流式（射流元件式）等。根据是否装有换向机构和喷嘴数目，旋转式喷头又有全圆喷洒、扇形喷洒和单喷嘴、双喷嘴等形式。

2）固定式喷头。固定式喷头是指喷洒时，其零部件无相对运动的喷头，即其所有结构部件都固定不动。这类喷头在喷洒时，水流在全圆周或部分圆周（扇形）呈膜状向四周散裂。它的特点是结构简单，工作可靠，要求工作压力低（100～200kPa），故射程较近，距喷头近处喷灌强度比平均喷灌强度大（一般在15～20mm/h 以上），一般雾化程度较高，多数喷头喷水量分布不均匀。

3）喷洒孔管。喷洒孔管又称孔管式喷头，其特点是水流在管道中沿许多等距小孔呈细小水舌状喷射。管道常可利用自身水压使摆动机构绕管轴作 90°旋转。喷洒孔管一般由一根或几根直径较小的管子组成，在管子的上部布置一列或多列喷水孔，其孔径仅 1～2mm。根据喷水孔分布形式，又可分为单列和多列喷洒孔管两种。

喷洒孔管结构简单，工作压力比较低，操作方便，但其喷灌强度高；由于喷射水流细小，所以受风影响大，对地形适应性差，管孔容易被堵塞，支管内水压力受地形起伏变化的影响较大，对耕作等有影响，并且投资也较大，故目前大面积推广应用较少，在国内一般仅用于温室、大棚等固定场地的喷灌。

上述各种喷头中，目前使用最多的是摇臂式喷头、垂直摇臂式喷头、全射流喷头、折射式喷头等，特别是摇臂式喷头和固定式喷头的应用很普遍。

**2. 喷头的结构参数**

（1）进水口直径。进水口直径是指喷头空心轴或进水口管道的内径，单位为 mm。通常较竖管内径小，因而流速增加，一般流速应控制在 3～4m/s 范围内，以减小水头损失。所以决定进水口直径大小的因素一般是减少水力损失和结构轻小紧凑等。一个喷头的进水口直径确定以后，其过水能力和结构尺寸也大致确定了。我国 PY 系列喷头就以进水口公称直径来命名喷头的型号，对于旋转摇臂式喷头，GB 5670.1—85《旋转式喷头类型与基本参数》规定进水口公称直径为 10mm、15mm、20mm、30mm、40mm、50mm、60mm、80mm 8 种类型。

（2）喷嘴直径。喷嘴直径为喷头出水口最小截面直径，指喷嘴流道等截面段的直径，单位为 mm。喷嘴直径反映喷头在一定的上作压力下通过水流的能力。在压力相同的情况下，一定范围内，喷嘴直径愈大，喷水量也愈大，射程也愈远，但是其雾化程度则相对下降；反之，喷嘴直径愈小，其喷水量愈小，射程也相对较近，但是其雾化程度相对较好。

　　(3) 喷射仰角。喷射仰角是指射流刚离开喷嘴时水流轴线与水平面的夹角。在工作压力和流量相同的情况下，喷头的喷射仰角是影响射程和喷洒水量的主要参数。选定适宜的喷射仰角可以获得最大的射程，从而可以降低喷灌强度和增大喷灌管道的间距。这样有利于充分利用喷头，扩大其覆盖范围，降低管道式喷灌系统中的管道投资，减少喷头的运行费用。喷射仰角一般为 20°～30°，大中型喷头的喷射仰角大于 20°，小喷头的喷射仰角小于 20°。目前我国常用喷头的喷射仰角多为 27°～30°。为了提高抗风能力，有些喷头已采用 21°～25°的喷射仰角。对于小于 20°的喷射仰角，称为低喷射仰角。低喷射仰角喷头一般多用于树下喷灌以及微量喷灌的场合。对于特殊用途的喷灌，还可以将喷射仰角选得更小。

　　3. 喷头选型

　　(1) 喷头选型原则。喷头选型主要是确定喷头型号、喷嘴直径、工作压力、喷头流量、射程等参数。喷头型号、组合方式和运行方式直接影响喷洒均匀度、喷灌强度和雾化指标等质量参数。喷头选型和布局的基本要求为：①喷灌强度不超过土壤的允许喷灌强度；②喷灌的组合均匀系数不低于规范规定的数值；③雾化指标不低于作物要求的数值；④经济合理。

　　(2) 喷头主要性能指标。

　　1) 压力。喷头压力包括工作压力和喷嘴压力。工作压力指喷头工作时，其进水口前的压力，即距喷头进水口 20cm 处测取的静水压力，单位为 kPa，一般在此处的竖管安装压力表来测量。喷嘴压力是指喷头出口处的水流总压力（即流速水头）。它可以用来评价喷头性能的好坏。喷头工作压力和喷嘴压力非常接近，喷嘴压力是工作压力减喷头内过流部件的水力损失而得出的，所以这个损失越小，喷头内部的流道就越好，产品质量也就越高。

　　2) 流量。喷头流量是指单位时间内喷头喷出的水的体积，单位为 $m^3/h$ 或 L/min。影响喷头流量的主要因素是工作压力和喷嘴直径，同样的喷嘴直径，工作压力愈大，喷头的流量也就愈大，反之亦然。喷头的流量可以用体积法、重量法、堰法、流量计法等测量得出，也可以用水力学管嘴出流公式计算。

　　3) 射程。射程是指在无风情况下，喷头正常工作时的喷洒湿润圆半径，即指喷洒有效水所能达到的最远距离，又称喷洒半径，单位为 m。

　　射程可由实测得出。对于旋转式喷头，为了统一标准，规定在无风条件下正常工作时，量水筒中每小时收集的水深为 0.3mm（对于喷水量低于 250L/h 的喷头为 0.15mm/h）的那一点到喷头旋转中心的水平距离作为射程。

　　对于旋转式喷头，当其结构参数确定后，它的射程就主要受工作压力和转速的影响，在一定的工作压力变化范围内，压力增大，射程也相应增大。超过这一压力范围，压力增加只会提高雾化程度，而射程不再会增加。喷头射程随转速的增大而减小，当转速接近零时，它的射程达到最大。

在喷头流量相同的条件下，射程愈大，则单个喷头的喷灌强度就愈小，其组合喷灌强度也愈小，喷头的布置间隔则可以适当增大。这对降低成本、提高适应性大有好处，所以射程是喷头的一个重要水力性能指标。

旋转式喷头射程的测试和计算方法可以参见 GB 5670.3—85《旋转式喷头试验方法》。式（6-1）是我国几种喷头射程计算的经验估算公式：

$$R_{\text{PY1}} = 1.70d^{0.847}h_p^{0.45}$$
$$R_{\text{PYS}} = 3.50d^{0.51}h_p^{0.24} \tag{6-1}$$
$$R_{\text{PS}} = 2.35d^{0.62}h_p^{0.24}$$

式中　$R_{\text{PY1}}$——PY1 摇臂式系列喷头的射程，m；

　　　$R_{\text{PYS}}$——PYS 塑料摇臂式系列喷头的射程，m；

　　　$R_{\text{PS}}$——PSH、PSBZ 摇臂式系列喷头的射程，m；

　　　$d$——喷嘴直径，mm；

　　　$h_p$——喷头工作压力水头，m。

对于固定式喷头，射程用式（6-2）计算：

$$R = 1.35d^{0.6}h_p^{0.1} \tag{6-2}$$

4）喷灌强度。喷灌强度是指单位时间内喷洒到单位面积上水的体积，或单位时间喷洒的水深，单位为 mm/h。它是喷头的主要参数之一，连同喷灌均匀度和水滴雾化程度是衡量喷头水力性能的重要指标。喷头的计算喷灌强度可用式（6-3）表示：

$$p = \frac{1000Q}{S} \tag{6-3}$$

式中　$p$——喷头的计算喷灌强度，mm/h；

　　　$Q$——喷头流量，m³/h；

　　　$S$——喷头喷洒控制面积，m²。

从式（6-3）可以看出，喷头的计算喷灌强度与喷头流量成正比，与喷头喷洒控制面积（即喷头的射程）成反比。在设计喷灌时，允许喷灌强度可按下列数值来选用：砂土 20mm/h，壤砂土 15mm/h，砂壤土 12mm/h，壤土 10mm/h，黏土 8mm/h。有良好植被覆盖时，以上数值可提高 20%；在地面有坡度时要降低以上数值，当地面坡度为 5°时，应降低 50%。

5）水滴的打击强度。喷灌时喷洒水滴的打击强度，是指喷洒作物受水面积范围内，水滴对作物或土壤的打击动能。它与喷洒水滴的大小、水滴降落速度和水滴密度密切相关。一般使用雾化指标 $p_d$ 或水滴直径大小来表征喷灌水滴打击强度，即

$$p_d = \frac{h_r}{d} \tag{6-4}$$

式中　$p_d$——雾化指标；

$h_r$——喷头工作压力水头，m；

$d$——毛喷嘴直径，mm。

对于同一喷嘴来说，$p_d$值越大，说明其雾化程度越高，水滴直径越小，打击强度也越小。

### 6.2.3　管灌灌水器

管灌灌水器又称给水装置，是连接三通、立管、给水栓（出水口）的统称。出水口是指将地下管道系统的水引出地面进行灌溉的放水口，一般不连接地面移动软管。给水栓是能与地面移动软管连接的出水口。给水栓（出水口）各地都有定型产品，可根据需要选用，也可自行设计。给水栓要求坚固耐用、密封性能好、不漏水、软管安装拆卸方便等。

1. 给水装置的分类

（1）按结构型式分类。给水装置按结构型式分有移动式、半固定式、固定式三大类型。

1）移动式给水装置。移动式给水装置也称分体移动式给水装置，由上、下栓体两大部分组成。其特点是：止水密封部分在下栓体内，下栓体固定在地下管道的立管上，下栓体配有保护盖出露在地表面或地下保护池内；系统运行时不停机就能启闭给水栓，更换灌水点；上栓体移动式使用，同一管道系统只需配2～3个上栓体，投资较省；上栓体的作用是控制给水、出水方向。如 GY 系列给水栓。

2）半固定式给水装置。半固定式给水装置的特点是：一般情况下，集止水、密封、控制、给水于一体，有时密封面也设在立管上；栓体与立管螺纹连接或法兰连接，非灌溉期可以卸下室内保存；同一灌溉系统计划同时工作的出水口必须在开机运行前安装好栓体，否则更换灌水点需停机；同一灌溉系统也可以按轮灌组配备，通过停机而轮换使用，不需每个出水口配一套。与固定式给水装置相比投资较省。如螺杆活阀式给水栓、LG 型系列给水栓、球阀半固定式给水栓等。

3）固定式给水装置。固定式给水装置也称整体固定式给水装置。其特点是：集止水、密封、控制、给水于一体；栓体一般通过立管与地下管道系统牢固地结合在一起，不能拆卸；同一系统的每一个出水口必须安装一套给水装置，投资相对较大。如丝盖式出水口、地上混凝土式给水栓、自动升降式给水栓等。有些固定式给水装置经改型后（如加法兰等），可成为半固定式给水装置，如移动式给水栓、杠杆压盖型给水栓等。

（2）按止水原理分类。给水装置按止水原理可分为外力止水、内力止水、内外力止水三大类型。

1）外力止水型给水装置。外力止水型给水装置借助外力密封。止水阀一般处在密封面上面。止水阀的形式多为平板式。施加外力的方式主要有螺纹杆式、螺纹式、销杆式、弹簧式、机械密封式等。螺杆活阀式给水栓、ST-1型给水栓、提升盖板型出水口、旋转圆台式给水栓、双向堵头式出水口等为外力止水型给水装置。

2）内力止水型给水装置。内力止水型给水装置利用管道内水压力达到止水目的。止水阀一边处于密封面下面。止水阀多为橡胶球（塞）、塑料浮子，也有利用平板式。橡胶球（塞）止水阀的形式主要有浮球式、浮塞式，平板式止水阀的形式主要有止水舌式、翻板式等。FP-G4型多功能给水栓、浮球移动式给水栓、翻板式给水栓等即为内力止水型给水装置。

3）内外力结合止水型给水装置。内外力结合止水型给水装置将内力止水、外力止水结合于一体，密封压力高，止水效果好，多用于压力较高的管道灌溉系统。其分为两种类型：①在外力止水型给水装置的基础上，将密封胶垫断面制成"【"型，利用内水压力止水，如.S型系列给水栓；②止水阀设在密封面下面，在采用外力止水的同时，再利用内水压力止水，如自封压开式给水栓等。

目前，常用的给水装置均存在以下问题：①结构较为复杂，一般与固定钢管焊接或与PVC塑料管热承插连接，维修比较困难；②出口水流冲力大，一般均需修建防冲池。

（3）按给水装置的制作材料分类。给水装置按它的保护方式分有铸铁、钢、塑料、混凝土、玻璃钢等几种。

（4）按给水装置的保护方式分类。给水装置按它的保护方式可分为地上式、地下式两大类。

1）地上式给水装置。地上式给水装置是指上栓体或上、下栓体（整体）均露在地表面以上，上栓体（或整体）灌溉完毕后一般卸下存放于室内保护，下栓体或者连接立管用铸铁盖或混凝土罩保护。这类给水装置操作运行、保护较方便，如NSQ型、DGS型系列给水装栓，提压式给水栓等。

2）地下式给水装置。地下式给水装置是指在非灌溉季节一般处在地表面以下的保护处内或直接埋入耕作层以下的给水装置。灌溉时打开保护池盖或挖开覆土，提出出水口或安装上栓体；或不需挖开覆土，而利用管道内水压力使给水栓自动升出地面。灌溉完毕，再放回到地下保护。如软管出流装置、自动升降式给水栓等。

（5）按止水阀结构型式分类。止水装置按它的止水阀结构型式可分为平板阀式和浮阀式两大类。

1）平板阀式给水装置。平板阀式给水装置一般需要通过外力才能达到止水目的。止水阀大部分处在密封面的上面，如NS型系列给水栓、销钉盖板型出水口、地上铸铁式给水栓等。

2）浮阀式给水装置。浮阀式给水装置的止水阀为空心橡塑球体或塑料浮子，大部分通过内水压力来自动达到止水目的。如多功能球阀式给水栓、浮球半固定式给水栓等。

2. 给水装置选型

（1）首先应选用经产品质量认证、质量检测或专家鉴定并定型生产的给水装置。

（2）根据设计出水量和工作压力，选择的规格应在适宜流量范围内、局部水头损失小且密封压力满足系统设计要求的给水装置。

（3）在低压管道输水灌溉系统中，给水装置用量大，使用频率高，需要长期置于田间，因此在选用时还要考虑耐锈蚀、操作灵活、运行管理方便等因素。

（4）根据是否连接软管，选择给水栓还是出水口；根据保护难易程度选择移动式、半固定式或固定式。

常用给水装置及技术参数见表 6-14。

表 6-14　　　　　常用给水装置及技术参数表

| 型号名称 | 公称直径/mm | 公称压力/MPa | 局部阻力系数 | 主要特点 |
|---|---|---|---|---|
| G1Y1-H/L Ⅱ型、G1Y3-H/L Ⅲ型平板阀移动式给水栓 | 75、90、110、125、160 | 0.25、0.4 | 1.52~2.02 | 移动式，旋紧锁口连接，平板阀内外力结合止水，地上保护，适用于多种管材 |
| G1Y3-H/L Ⅳ型平板阀移动式给水栓 | 75 | 0.6、1.0 | 5.76 | 螺纹式内外力结合止水，可调控流量，其他特点同 G1Y1-H/L Ⅱ型、G1Y3-H/L Ⅲ型 |
| G2Y1-H/L G型平板阀移动式给水栓 | 进出口直径80、100、150 | 0.2 | 1.50~2.00 | 移动式，倒钩连接装置，平板阀外力止水，地上保护，适用于多种管材 |
| G1Y5-S型球阀移动式给水栓 | 110 | 0.2 | A型1.23 | 移动式，快速接头式连接，浮阀内力止水，地上保护，适用于塑料管材 |
| G2Y5-H型球阀移动式给水栓 | 110 | 0.2 | | 移动式，快速接头式连接，浮阀内力止水，地上保护，适用于塑料管材 |
| G3Y5-H型球阀移动式给水栓 | 200/100 | 0.2 | 1.53 | 移动式，丝连接，浮阀内力止水，地上保护，适用于混凝土管道系统 |
| G2Y5-S/H型球阀移动式给水栓 | 75、100、125、160 | 0.157 | 公称直径160mm时为3.47 | 移动式，浮阀内力止水，地上保护，集多种功能于一体，适用于混凝土管材 |

续表

| 型号名称 | 公称直径/mm | 公称压力/MPa | 局部阻力系数 | 主 要 特 点 |
|---|---|---|---|---|
| G2Y2-H型平板阀移动式给水栓 | 75 | 0.05、0.1 | | 移动式，橡胶活舌内力止水，地上保护，多适用于塑料管材 |
| G3B1-H型平板阀半固定式给水栓 | 63 | 0.25 | 1.175 | 半固定式，平板阀外力止水，地上保护，适用于塑料管材 |
| G2B1-H（G）型平板阀半固定式给水栓 | A型50～160、B型110 | 0.25 | A型1.0～1.8 | 半固定式，平板阀外力止水，阀瓣与操作杆利用活节连接，不磨损密封胶垫，地上保护，多用于塑料管材 |
| G2G1-S型平板阀固定式给水栓 | 75 | 0.05 | 1.938 | 固定式，平板阀外力止水，地上保护，适用于塑料管材 |
| G2G7-S型丝盖固定式出水口 | 90、100 | 0.05 | | 固定式，丝盖外力止水，地下保护，适用于塑料管材、压力较小的管道系统 |
| G3G1-G型平板阀固定式给水栓 | 160 | | | 固定式，平板阀外力止水，集节制阀、三通、给水于一体，适用于丘陵梯田塑料管道系统 |
| G1C1-S型双向堵头固定式出水口 | 675、90、110、125 | | | 固定式，用密封胶垫与壳内壁摩擦力止水，地上保护，适用于压力、流量较小的塑料管道 |
| G1C1-S型软管固定式出水口 | 63、110 | 0.1、0.2 | 1.2 | 固定式，卡扣外力止水，地下保护，适用于塑料管道系统 |

## 6.3　管网布设

### 6.3.1　滴灌（微喷灌）管网布设

#### 6.3.1.1　灌水小区设计

　　灌水小区是灌溉系统的标准控制单元，一般情况一个灌水小区包括田间控制阀、阀后支管（辅管）、毛管等。灌水小区设置是否合理直接决定系统管护是否便利以及田间灌水均匀度是否能实现。一方面，输水干管向各个灌水小区供水时，各个灌水小区入水口压力不均等，需要通过调压装置将压力调节至灌水小区所需入口压力；另一方面，灌水小区内部水力设计也需满足灌水均匀度的要求。因此，笔者建议在一般情况下灌水小区进口处应安装控制阀和压力调节装置，若地形较复杂必须通过辅管调压的，也可在辅管进口安装调压装置，但建议控制阀仍安装在灌水小区的入口。灌水小区中滴头流量与工作水头关系如图 6-8 所示。

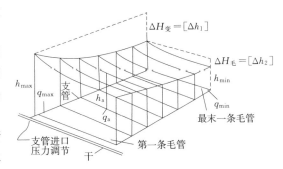

图 6-8　灌水小区中滴头流量与工作水头关系

$q_{max}$，$q_{min}$，$q_a$—灌水小区中滴头最大、最小和平均流量；$h_{max}$，$h_{min}$，$h_a$—灌水小区中滴头最大、最小和平均水头

在使用非压力补偿滴头情况下，为了使灌水小区内部水均匀，需要对灌水小区内部水头偏差加以限制。灌水小区允许水头偏差由支管水头损失、辅管水头损失和毛管水头损失组成。允许水头偏差的分配类型如下：

（1）"一条毛管"构成灌水小区。在毛管进口安装调压稳流装置，若能使各毛管获得相间的压力与流量，支（辅）管上的水头变化不再影响灌水器出水均匀度，允许水头偏差应全部分配给毛管，即 $[\Delta h_2] = [\Delta h]$；若调压稳流装置存在一定的偏差，使各毛管获得的压力和流量存在差异，则在计算毛管允许水头偏差值时，流量偏差率的取值应留有余地，一般取 18%～19% 较为适宜。

（2）"辅管＋毛管"构成灌水小区。小区允许水头偏差在毛管和辅管间分配。如毛管分配的多，则毛管铺设长度增加，可使支管间距加大而减少支管用量，相应也减少辅管用量。根据近几年的滴灌布置经验及统计资料分析，毛管水头偏差系数比例为 0.45～0.30，辅管水头偏差系数比例为 0.55～0.70。

（3）"支管＋毛管"构成灌水小区。小区允许水头偏差在毛管和支管间分配，如毛管分配的多则毛管铺设长度增加，可使支管间距加大而减少支管用量，但支管铺设长度减小、分干管列数增加、用量增多。平坡条件下，毛管水头偏差系数比例为 0.45～0.30，支管水头偏差系数比例为 0.55～0.70。

（4）"支管＋辅管＋毛管"构成灌水小区，小区允许水头偏差在毛管、辅管和支管间分配比例为 0.35、0.45、0.2 比较合适。

不同级别管道允许水头偏差计算公式如下：

支管允许水头偏差 $[\Delta h_1]$ 为

$$[\Delta h_1] = \beta_1 [\Delta h] \tag{6-5}$$

毛管允许水头偏差 $[\Delta h_2]$ 为

$$[\Delta h_2] = \beta_2 [\Delta h] \tag{6-6}$$

辅管允许水头偏差 $[\Delta h_3]$ 为

$$[\Delta h_3] = \beta_3 [\Delta h] \tag{6-7}$$

式中　　　　$\beta_1$、$\beta_2$、$\beta_3$——允许水头偏差分配给支管、毛管和辅管的比例；

$[\Delta h_1]$、$[\Delta h_2]$、$[\Delta h_3]$——支管、毛管和辅管允许的水头偏差，m。

由于支管水头损失和毛管水头损失可以多种多样，但不同组合将决定管网的不同造价，因此，存在优化组合的问题。

**1. 灌水小区设计的原则**

灌水小区必须结合项目区的系统运行方式和地形条件确定。一般一个或若干个灌水小区组成一个轮灌组，若地形条件和管理方式允许，不同灌水小区的面积不宜差别较大，且灌水小区入口（控制阀）应设置在路旁。灌水小区内地形起伏不宜过大，一块格田可设为一个或分为若干个灌水小区。

**2. 毛管布设**

（1）毛管（微喷带）铺设的原则。采用滴灌的糖料蔗应采用宽窄行种植，宽窄行设计一般为（1.20～1.40）m+0.40m。布置时应根据当地机械耕作要求相应调整，山丘区糖料蔗种植方向尽可能平行等高线，毛管铺设方向与糖料蔗种植方向一致，顺行直线铺设；甘蔗与其他作物间种时，在中壤土和黏土上一条微喷带可向四行作物供水，轻质土情况下，一般只设计成一条滴灌带（微喷带）向两行作物供水；毛管铺设长度应在极限铺设范围内。

（2）毛管铺设极限长度计算。

1）灌水器工作水头偏差率。根据 GB/T 50485—2009《微灌工程技术规范》，灌水器工作水头偏差率与流量偏差率按式（6-8）确定：

$$h_v = \frac{q_v}{x}\left(1 + 0.15\frac{1-x}{x}q_v\right) \tag{6-8}$$

式中　$h_v$——灌水器水头偏差率，%；

$q_v$——灌水器流量偏差率，%，按照规范，$q_v$取 0.20；

$x$——灌水器流态指数。

2）毛管最大允许孔数及最大长度。均匀地形坡毛管的极限孔数，根据式（6-9）进行计算：

$$N_m = \mathrm{INT}\left(\frac{5.446[\Delta h_2]d^{4.75}}{kSq_d^{1.75}}\right)^{0.364} \tag{6-9}$$

式中　$[\Delta h_2]$——毛管的允许水头偏差，m；$[\Delta h_2]=\beta_2[\Delta h]$，$\beta_2$指灌水小区内毛管允许分配的水头偏差所占比例，一般取 0.45；田间管网允许水头偏差 $[\Delta h] = 10 \times [h_v]$；

　　INT（）——将括号内实数舍去小数成整数；

　　$d$——毛管内径；

$k$——水头损失扩大系数；$k=1.1\sim1.2$；

$S$——滴管带上滴孔的间距；

$q_d$——滴孔设计流量。

毛管允许最人长度：

$$L_m=N_mS$$

式中　$L_m$——毛管极限铺设长度，m；

$N_m$——毛管最大允许孔数，m；

$S$——毛管上分流孔的间距。

许多滴灌设备供应商为了方便用户，往往提供一定直径和工作压力情况下，以及不同滴头流量、不同滴头间距、不同地面坡度情况下毛管最大铺设长度，他们提供的最大铺设长度其均匀度往往按毛管上滴头流量偏差率不超过10%（即压力偏差不超过20%）制定的，如果设计的滴灌系统均匀度与其相符，可按供应商所提供的最大毛管铺设长度表选择。

特别强调，对于压力补偿式滴灌带，供应商一般提供了平坡情况下不同滴头类型、流量、间距、毛管直径、入口压力情况下毛管的最大铺设长度表，设计时可直接查询。但压力补偿式滴灌带必须在一定压力范围内才能正常工作，因此压力补偿式滴头设计时主要应保证毛管的工作压力。

3. 支管布设

(1) 支管铺设的原则。支管铺设长度不应超过运行最大铺设长度，并根据支管铺设方向的地块长度合理调整；支管间距取决于毛管（微灌带）的铺设长度，在可能的情况下应尽可能加长毛管（微灌带）长度，以加大支管间距；地面支管宜采用薄壁PE管材；PVC支管应埋入地下，并满足有关防损和排水要求。

(2) 支管管径计算。为了保证支管进口压力和流量达到设计压力和流量、控制支管的灌水次序和灌水时间，一般情况下应在支管进口处设置压力流量调节器和阀门。

支管的水流条件与毛管完全相似，都是流量沿程均匀递减至零的管路，因此前述毛管的设计思想和设计方法完全适用于支管。但支管设计是在灌水小区设计基础上进行的，基本上都是在支管长度确定情况下，计算所需的支管管径。

由于灌水小区内调压装置安装位置不同支管的允许压力差不同，因此，支管设计应按以下两种情况分别考虑：一是采用非压力补偿式滴头且毛管入口处不安装稳流调压装置时，根据灌水小区设计分配给支管的允许压力差进行支管设计，绝大多数滴灌系统属此种类型；二是毛管入口处安装稳流调压装置时，此时支管设计只要保证每一毛管入口处的支管压力在流调器的工作范围且不小于大气出流情况下流调器的工作范围下限加毛管进口要求的水头即可。

笔者重点介绍第一种情况，即：灌水小区中水头差由支管水头差和毛管水头差两部分组成，压力差在毛管和支管上分配。

当支管长度给定、灌水小区允许压力差和分配给支管的比例确定时，支管的允许水头损失 $[\Delta h_{支}]$ 是确定的。用勃拉休斯公式进行计算支管管径：

$$d_{支} = \left(\frac{1.47\nu^{0.25}Q_{支}^{1.75}}{[\Delta h_{支}]}L_{支j}F\right)^{\frac{1}{4.75}} \qquad (6-10)$$

式中　　$d_{支}$——所需支管内径，mm；

$\nu$——水的运动黏度（运动黏滞系数），$cm^2/s$；

$Q_{支}$——支管进口流量，L/h；

$[\Delta h_{支}]$——支管允许水头损失，由灌水小区水力设计确定，m；

$L_{支j}$——考虑了局部水头损失的支管计算长度，$L_{支j} = 1.1L_{支}$，m；

$F$——多口系数。

### 6.3.1.2　干管布设

干管是连接系统首部和灌水小区的纽带，其作用是将灌溉水输送并分配给灌水小区。大型滴灌系统的干管可分为主干管和各级分干管。干管布设是以项目区的地形条件、工作压力、灌水小区布设，以及灌溉时干管沿程各支管所需的流量为基础。干管布设的主要任务是为确保灌溉时各灌水小区所需的流量，而选择干管各段经济的管径。

1. 干管布设的原则

（1）干管应设计成沿干管所有分水口的水头，等于或高于各灌水小区进口的水头（滴灌系统需要的工作水头）。

（2）干管布置应尽量顺直，总长度最短，在平面和立面上尽量减少转折。

（3）干管的管径应在满足灌水小区流量和压力的前提下按年费用最小原则进行设计。

（4）对于自压滴灌系统而言，应尽可能地利用自然水头压力，对于地形坡度较大的管段应以地形坡为能坡进行设计。

（5）干管级数应因地制宜地确定，加压系统干管级数不宜过多。

（6）干管尽量少穿越障碍物，不得干扰光缆、油、气等线路。

2. 干管管径计算

干管管径是在满足灌水小区流量和压力的前提下按费用最小的原则选择。随着管径的增大，管道的投资造价随之增高，而管道的年运行费用随之降低。客观上必定有一种管径，会使上述两种费用之和最低，这种管径就是要选择的管径，称为经济管径。经济管径中对应的流速称为经济流速。

一般在流量确定的情况下，经济管径主要取决于管材价格、使用年限、管道的年运行小时数和能源价格。但由于不同地区能源价格、工程运行年限、管材价格有很大差别，经济管径也肯定不同。

当干管纵断面线、流量和所需工作压力已知，但进口压力未定时，可绘制多条能坡线满足灌溉所需压力。能坡曲线越陡，所需管径越小，投资越省，但所需的扬程越高，运行费用越高；反之，能坡曲线越缓，所需扬程越小，运行费用越低，但管径大，投资高。根据当地情况，综合考虑投资费用和运行费用之间的关系，采用式（6-11）计算干管的经济管径：

$$d_k = \left( \frac{3.9tF}{10^6 ab\eta \left( \frac{1}{T} + \frac{x}{200} \right)} \right)^{\frac{1}{a+4.871}} Q^{\frac{2.852}{a+4.871}} \qquad (6-11)$$

式中　$d_k$——干管的经济直径，mm；

　　　$Q$——干管流量，L/h；

　　　$t$——干管年工作小时数；

　　　$F$——每千瓦时电的价格，元；

　　　$\eta$——抽水装置的效率；

　　　$T$——管材使用寿命，年；

　　　$x$——农业贷款年利率，%；

　　　$b$、$a$——每米管材的价格与管径关系的系数和指数。

必须说明，该公式只是对单位长度管段而言，且没有考虑地形坡度等因素的重要影响，因此，只能在初选管径时参考使用。

对于大型滴灌系统而言，滴灌干管往往由支管以上的多级管道所组成，是一个系统（简称干管系统）；单根管道的优化（局部优化）与系统的优化（整体优化）完全是两码事，我们所追求的是系统优化（整体优化）。现以图6-9中的管网进行说明。

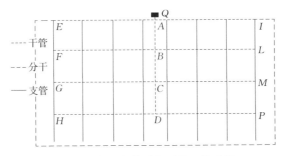

图6-9　典型滴灌系统干管、分干管、
支管示意图

在轮灌方式确定以后，最不利灌水小区（典型灌水小区）至总干管进口各管段的流量是确定的，可用式（6-11）计算出经济管径 $d_k$，然后由式（6-12）或式（6-13）计算出经济能坡。经济能坡确定后，总干管进口所需压力水头将是确定的，各分干管进口水头随着进水口离总干管进口距离的缩短而增加。因此，各分干管进口（图6-9中的 $A$、$B$、$C$、$D$ 处）的压力水头是不一样的，离系统首部越近压力水头越高。各分干管路应根据其进口压力和该分干管上最不利灌水小区进水压力进行设计。显然，在这种情况下各分干管的能坡也已确定且各不相同，不能再用一个简单的经济流速或经济管径的计算公式进行计算，如果再用它们计算确定各分干管管径，将造成很大的浪费。

若经济能坡用 $i_k$ 表示，由式（4-31）得

$$i_k = \frac{1.47\nu^{0.25}Q^{1.75}}{d_k^{4.75}} \qquad (6-12)$$

式中　$d_k$——经济管径（内径），mm；

　　　$\nu$——水的运动黏度（运动黏滞系数），$cm^2/s$；

　　　$Q$——流量，L/h，若经济能坡用 $i_k$ 表示并取 $C=150$，由式（4-24）得

$$i_k = 0.293\frac{Q^{1.852}}{d_k^{4.871}} \qquad (6-13)$$

式中符号意义同前。

3. 干管系统的设计方法

物理概念最清晰明了、最简便精确的设计方法是直能量坡度线法。

图6-10的绘制步骤如下：

第1步：画一个直角坐标，横坐标表示距离（m）；纵坐标表示水头（m）；

第2步：画干管分干管管线地面纵剖面图；

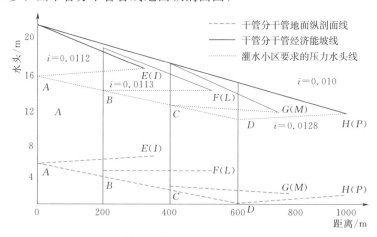

图6-10　管网干管和右侧分干管的经济能坡线

第3步：根据干管分干管纵剖面图和给定的灌水小区进口设计水头画出灌水小区所要求的压力水头线；

第4步：以最远分干管末端灌水小区进口所需压力水头为起点向干管进口画十管的经济能坡线；

第5步：根据画出的干管经济能坡线和分干管末端灌水小区所需压力水头划出其他分干管应采用的能坡线；

第6步：根据所求出的干管经济能坡和各分干管应采用的能坡，在已知各分干管流量的情况下，即可用式（6-12）或式（6-13）计算出干管和分干管所需的内径大小。

对于大型滴灌系统而言，干管往往由支管以上的多级管道所组成，不能简单地用一个经济能坡或经济管径计算公式对所有干管管段进行设计。

在缺少相关资料的情况下，为简便计算，一般取管道流速 $v=1.0\sim1.5\text{m/s}$，初估管径，但选定水泵后，应根据所选水泵的型号，应对管道的压力水头、过流能力进行复核计算。

### 6.3.2　喷灌管网布设

#### 1. 喷头的布置

喷灌系统中喷头的布置包括确定喷头的组合形式、喷头沿支管上的间距及支管间距等。喷头布置的合理与否，直接关系整个系统的灌水质量。

喷头的组合形式主要取决于地块形状以及风的影响，一般为矩形和三角形，或为正方形和正三角形。矩形或正方形布置，适用于规则且边缘成直角的地块。这种形式设计简便，容易做到使各条支管的流量比较均衡；三角形或正三角形布置，适用于不规则地块，或地块边界为开放式，即使喷洒范围超出部分边界也影响不大的情况。这种布置抗风能力较强，喷洒均匀度高于矩形或正方形布置，同时所用喷头的数量相对较少，但不易做到使各条支管的流量均衡。有时地块形状十分复杂，或地块当中有障碍物，使喷头的组合形式为不规则形。但在多数喷灌系统中，可尽量采用正方形或正三角形布置。

正方形布置时，喷头沿支管上的间距与支管间距相等。考虑到风的影响，推荐喷头间距为喷头射程的 $0.9\sim1.1$ 倍。

根据国内一些高校和科研院所的试验资料，统计归纳了可供参考的喷头组合间距（表6-15），使喷灌的组合均匀系数达到 $75\%$ 以上。表6-15中：$K_a$ 指垂直于主风向喷头间距（或支管间距）与喷头射程的比值；$K_b$ 指平行于主风向喷头间距（或支管间距）与喷头射程的比值。选用国内生产的 PY 系列和 ZY 系列的喷头时，均能参考表6-15。

表 6 - 15　　　　　　　　　　喷头间距射程比值参考表

| 10m 高的风速 /(m/s) | 不等间距布置（a<b） | | 等间距布置（a＝b） |
| --- | --- | --- | --- |
| | $K_a$ | $K_b$ | $K_a$，$K_b$ |
| 0.3～1.6 | 1.0 | 1.3 | 1.1～1.0 |
| 1.6～3.4 | 1.0～0.8 | 1.3～1.1 | 1.0～0.9 |
| 3.4～5.4 | 0.8～0.6 | 1.1～1.0 | 0.9～0.7 |

在喷头布置完毕后，应根据实际布置结果对系统的组合喷灌强度进行校核。特别是在地块的边角区域，因喷头往往是半圆或 90° 而不是全圆喷洒，若选配的喷嘴与地块中间全圆喷洒的喷头相同，则该区域内的喷灌强度势必大大超过地块中间。所以，为保证系统良好的喷洒均匀度，一般安装在边角的喷头须配置比地块中间的喷头小 2～3 个级别的喷嘴。

**2. 管网布设**

管道式喷灌系统的各级管道布置取决于灌区的地形条件、地块形状、耕作与种植方向、水源位置、风速和风向等情况，需要进行多方案比较，从中择优。

（1）管道布置的主要影响因素。

1）地形条件。在地形起伏的项目区，支管应与等高线呈平行状铺设，有利于支管和竖管喷头的施工安装；支管无法沿等高线布置时，应将配水干管或分干管布置在高处，使支管由高处向低处铺设，以地形高差弥补支管水头损失；如果配水管不能布置在高处，只能使用上坡的支管，应使上坡的支管较短。

2）地块形状。地块不规则会给管道布置带来困难。当地块较大时，可用分区布置的方法解决。分区时应使小地块基本规整，支管在小地块内的走向一致。对于输水干管的布置需作各种布置方案的比较确定，为避免损伤作物，干管应尽量设在分区边界。如果地块有坡度，则应将配水管道布置在高处。

3）耕作与种植方向。有的项目区耕作、种植方向是顺坡，支管若平行等高线布置，与耕作、种植方向就不能保持一致，这时可按耕种方向布置喷洒支管，配水干管沿等高线布置但应使其处于支管上方，使支管顺坡下铺。有时一个项目区内存在不同的耕作种植方向，造成管道布置困难，这时宜根据管道布置的要求，对耕作方向做必要的调整和统一。

4）风速和风向。喷灌季节如果灌区内风速很小，则支管布置可不考虑风向；如果风速达到或超过 2m/s，且存在主风向，则支管最好垂直主风向布置。但有些场合，如河谷地，其主风向往往与等高线平行，这时要根据喷灌系统的类型采用不同的方法处理。对于固定式系统，配水干管或分干管宜沿等高线布置在高处，支管下坡铺设并与主风向垂直。

5）水源位置。当水源或地块的位置可以选择时，将水源置于设计地块中央，有利于降低管道系统投资。当水源虽有选择余地但不能选择在中央时应先布置田块管网，然后布置配水干管或分干管，最后视地形、地质等情况，对输水管进行布置，此时需要进行方案比较，选取在实际工况下各级管道的水头损失大体均衡，设备投资较省的方案。

（2）管道布置的原则。喷灌管道布置应符合喷灌工程总体设计的要求，满足各用水单位的需要且管理方便。布置管道应以管道总长度最短为原则。以降低工程造价。在垄作田内，应使支管与作物种植方向一致；在丘陵山区，应使支管沿等高线布置；在可能的情况下，支管宜垂直主风向。管道的纵剖面应力求平顺，减少折点；有起伏时应避免产生负压。对刚性连接的硬质管道，应设伸缩装置；在连接地埋管和地面移动管的出地管上，下端应设柔性连接，上端应设给水栓；在地埋管道的阀门处应建阀门井；在管道起伏的低处及管道末端应设泄水装置。固定管道应根据地形和地基、管材和管径、气候条件、地面荷载及机耕要求等确定其敷设坡度、深度及对管基的处理。固定管道的末端及变坡、转弯和分叉处宜设镇墩，管段过长或基础较差时，应设支墩。

（3）管道布置的形式。喷灌管道布置主要有两种形式："丰"字形布置（图6-11）和梳齿形布置（图6-12）。"丰"字形布置时干管位于地块中央，可两面分水，控制支管数多。梳齿形布置时，干管受地形等影响，位于地块的一侧，单项分水。

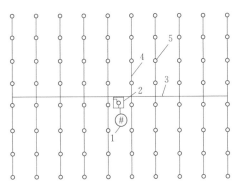

1—井；2—泵站；3—干管；4—支管；5—喷头

图6-11　"丰"字形布置示意图

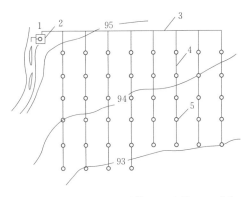

1—水源；2—泵站；3—干管；4—支管；5—喷头

图6-12　梳齿形布置示意图

### 6.3.3　管灌管网布设

管网系统布置是管道输水工程设计的关键内容之一。一般管网工程投资占管道系统总投资的70%以上。管网系统布置的合理与否，对工程投资、运行和管理维护都有直接的影响。因此，应从技术、经济和运行管理等方面，对管网系统的布置方案应进行充分、科学的论证比较，选择最佳的方案。

1. 管网系统布置的原则

（1）应根据水源位置（机井位置或管网入口位置）、地块形状、种植方向及原有工程配套等因素，通过比较，确定采用树状管网或环状管网。

（2）管网布置应满足地面灌水技术指标的要求，在平原区，各级管道尽可能采用双向供水。

（3）管网布置应力求控制面积大，且管线平顺，减少折点和起伏。若管线布置有起伏时，应避免管道内产生负压。

（4）管网布置应紧密结合水源位置、道路、林带、灌溉明渠和排水沟以及供电线路等，统筹安排，以适应机耕和农业技术措施的要求，避免干扰输油、输气管道及电信线路等。

（5）管网布置时应尽量利用现有的水利工程，如穿路倒虹吸和涵管等。

（6）管道级数应根据系统灌溉面积（或流量）和经济条件等因素确定。井灌区旱作物区，当系统流量小于 $30 \mathrm{m}^3/\mathrm{h}$ 时，可采用一级固定管道；系统流量在 $30 \sim 60 \mathrm{m}^3/\mathrm{h}$ 时，可采用干管（输水）、支管（配水）两级固定管道；系统流量大于 $60 \mathrm{m}^3/\mathrm{h}$ 时，可采用两级或多级固定管道。渠灌区，目前主要在支渠以下采用低压管道输水灌溉技术，其管网级数一般为斗管、分管、引管三级。对于渗透性强的沙质土灌区，末级还应增设地面移动管道。在梯田上，地面移动管道应布置在同一级梯田上，以便移动和摆放。

（7）管线布置应与地形坡度相适应。如在平坦地形，为充分利用地面坡降，干（支）管应尽量垂直等高线布置；若在山丘区，地面坡度较陡时，干（支）管布置应平行等高线，以防水头压力过大而需增加减压措施。田间最末一级管道，其布置走向应与作物种植方向和耕作方向一致，移动软管或田间垄沟垂直于作物种植行。

（8）给水栓和出水口的间距应根据生产管理体制、灌溉方法及灌溉计划确定，间距宜为 $50 \sim 100 \mathrm{m}$，单口灌溉面积宜为 $0.25 \sim 0.6 \mathrm{hm}^2$。单向浇地取较小值，双向浇地取较大值。在山丘区梯田中，应考虑在每个台地中设置给水栓，以便于灌溉管理。

（9）在已确定给水栓位置的前提下，力求管道总长度最短，管径最小。

（10）充分考虑管路中量水、控制和安全保护装置的适宜位置。渠灌区、丘陵自压灌区、河网提水灌区的取水工程根据需要可设置进水闸、分水闸、拦污栅、沉砂池。

2. 管网布置的步骤

根据管网布置原则，按以下步骤进行管网规划布置：

（1）根据地形条件分析确定管网形式。

（2）确定给水栓的适宜位置。

（3）按管道总长度最短布置原则，确定管网中各级管道的走向与长度。

（4）在纵断面图上标注各级管道桩号、高程、给水装置、保护设施、连接管件及附属建筑物的位置。

（5）对各级管道、管件、给水装置等，列表分类统计。

3. 管网布置的形式

（1）梯田管灌系统树枝状管网的布置形式。由于管灌区地形坡度陡，因此置干管沿地形坡度走向，即干管垂直等高线布置。如图 6-13 所示，这样干管可双向布置支管，支管均沿田地块方向，平行等高线布置。每块梯田布置一条支管，各自独立由干管引水。支管上给水栓或出水口只能单向向输水垄沟或闸孔管输水，对畦、沟则可双向进行灌溉。

（2）山丘区提水渠灌区管灌系统辐射树枝状管网的布置形式。在地形起伏、坡度陡。水源位置低的管灌区，需建泵站提水加压，经干管（泵站压力水管）、支管输水，由于干管实际上是泵站的扬水压力管道，因此必须垂直等高线布置，以使管线最短。如图 6-14 所示，支管平行于等高线布置，但要注意，既要使管线布置顺直，少弯折，也要考虑尽量减少土方量，减轻管线挖填强度，同时因地形起伏，故布置斗管以辐射状由支管给水栓分出，并沿山脊线垂直等高线走向。斗管上布置出水口给水栓，其平行等高线双向配水或灌水浇地。

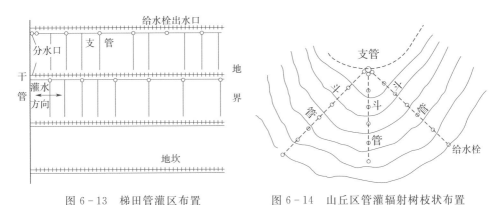

图 6-13  梯田管灌区布置          图 6-14  山丘区管灌辐射树枝状布置

<br>

## 6.4 管网的水力计算

### 6.4.1 滴灌（微喷灌）管网水力计算

1. 系统流量推算

系统的流量采用逐步反推的方式进行计算。

（1）毛管入口流量。设计灌水器流量 $q_d=1.4\text{L/h}$，孔距为 0.3m，根据地形条件和毛管性能，选取 $\phi16\text{mm}$ 单翼内镶式滴灌带，入口压力 0.1MPa，实际铺设长度 50m。具体长度根据地形地貌、田块情况确定。每条毛管的流量根据式（6-14）进行计算：

$$Q_{田间毛}=L/L_{孔}\times q_d \qquad (6-14)$$

式中　$L$——毛管长度，m；

　　　$L_{孔}$——孔口间距，取 0.30m；

　　　$q_d$——滴喷带的设计流量，1.4L/h。

毛管长 50m，则计算得到：$Q_{田间毛}=50/0.30\times1.4\approx233\text{L/h}\approx0.23\text{m}^3/\text{h}$。

（2）支管入口流量。支管的流量等于辅管负责的毛管流量之和，即

$$Q_{辅}=\sum_{i=1}^{n}Q_{毛\,i} \qquad (6-15)$$

（3）田间分干管流量：

$$Q_{田间分干}=\sum_{i=1}^{n}Q_{辅} \qquad (6-16)$$

（4）主干管流量。主干管的流量等于该干管负责供水的田间分干管流量之和，即

$$Q_{主干}=\sum_{i=1}^{n}Q_{田间分干} \qquad (6-17)$$

**2. 系统的工作水头计算**

根据 GB/T 50485—2009《微灌工程技术规范》的规定，管道沿程水头损失计算系数、指数见表 6-16。

表 6-16　　　　　　　　管道沿程水头损失计算系数、指数表

| 管　材 | | | $f$ | $m$ | $b$ |
|---|---|---|---|---|---|
| 硬塑料管 | | | 0.464 | 1.77 | 4.77 |
| 软塑料管 | $d>8\text{mm}$ | | 0.505 | 1.75 | 4.75 |
| | $d\leq8\text{mm}$ | $Re>2320$ | 0.595 | 1.69 | 4.69 |
| | | $Re\leq2320$ | 1.75 | 1 | 4 |

（1）毛管水头损失的计算。滴灌带选用内镶式滴灌带（管径 16mm）或管上式滴头。滴灌带水头损失按式（6-18）计算：

$$h_f=Ff\frac{LQ^m}{d^b} \qquad (6-18)$$

$$F=\frac{N\left(\dfrac{1}{m+1}+\dfrac{1}{2N}+\dfrac{\sqrt{m-1}}{6N^2}\right)-1+X}{N-1+X} \qquad (6-19)$$

式中　$h_f$——沿程水头损失；

$\quad\quad\quad f$——磨阻系数，软塑料管取 0.505，软塑料管取 0.464；

$\quad\quad\quad Q$——流量，L/h；

$\quad\quad\quad d$——管内径，mm；

$\quad\quad\quad L$——管段长度，m；

$\quad m，b$——流量指数和管径指数，软塑料管，取 $m=1.75$，$b=4.75$；硬塑料管，取 $m=1.77$，$b=4.77$；

$\quad\quad\quad F$——多口系数；

$\quad\quad\quad N$——孔口数；

$\quad\quad\quad X$——多孔管首孔位置系数，即管入口至第一个孔口的距离与喷头（或孔口）间距之比。

毛管的局部水头损失可按沿程水头损失的 10% 考虑。

（2）支管水头损失计算。沿程水头损失按式（6-18）计算。局部水头损失按式（6-20）计算：

$$h_j = \sum \xi \frac{v^2}{2g} \tag{6-20}$$

式中　$h_j$——局部水头损失，m；

$\quad\quad\quad v$——管内平均流速，m/s；

$\quad\quad\quad g$——重力加速度，9.81m/s$^2$；

$\quad\quad\quad \xi$——局部损失系数，见表 6-17。

表 6-17　　　　　　　局部水头损失系数 $\xi$ 值表

| 连接管件 | $\xi$ | 连接管件 | $\xi$ | 连接管件 | $\xi$ |
|---|---|---|---|---|---|
| 直角进口 | 0.5 | 渐细接头 | 0.1 | 分流三通 | 1.5 |
| 喇叭进口 | 0.2 | 渐粗接头 | 0.25 | 直流分三通 | 0.1~0.5 |
| 滤网 | 2~3 | 逆止阀 | 1.7 | 斜三通 | 0.15~0.30 |
| 带底阀滤网 | 5~8 | 全开闸阀 | 0.1~0.5 | 断面突大 | $(1+\omega_2/\omega_1)^2$ |
| 90°弯头 | 0.2~0.3 | 直流三通 | 0.1 | 断面突小 | $0.5-\omega_2/\omega_1$ |
| 45°弯头 | 0.1~0.15 | 折流三通 | 1.5 | 出口 | 1 |

注　1. 本表摘自《管道输水工程技术》，李龙昌等，中国水利水电出版社，1998 年；《喷灌工程设计手册》，《喷灌工程设计手册》编写组，水利电力出版社，1989 年。

　　　2. $\omega$ 为过水断面面积。

简便计算时局部水头损失按沿程水头损失的 10%~20% 估算。

（3）干管水头损失计算。沿程水头损失按式（6-18）计算。局部水头损失的计算方法同支管，简便计算时局部水头损失按沿程水头损失的 10%~15% 估算。多级干管时需逐级累加。

（4）系统的工作水头。根据系统的运行情况，选定最不利轮灌组及最不利点，管网首部所需工作水头为

$$H = h_0 + \Delta h_毛 + \Delta h_支 + \Delta h_干 + \Delta h_首 + (Z_1 - Z_2) \qquad (6-21)$$

式中　$h_0$——毛管工作水头，m；

$\Delta h_毛$——最不利点毛管总水头损失，m；

$\Delta h_支$——最不利点支管总水头损失，m；

$\Delta h_干$——最不利轮灌组干管总水头损失，m；

$\Delta h_首$——首部水头损失，m；

$Z_1 - Z_2$——最不利点与管网首部水头差，m。

### 6.4.2　喷灌管网水力计算

（1）支管水头损失计算。喷灌支管上每隔一定距离有一个喷头分流，为简便计算，按照管道沿程水头损失乘以一个修正系数（多口系数），沿程水头损失按式（6-18）计算。磨阻系数 $f$、流量指数 $m$ 和管径指数 $b$ 按表 6-18 取值。局部水头损失按式（6-20）计算。简便计算时局部水头损失按沿程水头损失的 $10\% \sim 20\%$ 估算。

表 6-18　　　　磨阻系数 $f$、流量指数 $m$ 和管径指数 $b$ 取值

| 管　　材 | | 流　态 | $f$ | $m$ | $b$ |
|---|---|---|---|---|---|
| 混凝土管、<br>钢筋混凝土管 | $n = 0.013$ | 粗糙区 | $1.34 \times 10^6$ | 2 | 5.33 |
| | $n = 0.014$ | | $1.56 \times 10^6$ | 2 | 5.33 |
| | $n = 0.015$ | | $1.79 \times 10^6$ | 2 | 5.33 |
| 旧钢管、旧铸铁管 | | 过渡区 | $6.25 \times 10^6$ | 1.9 | 5.1 |
| 塑料硬管 | | 光滑区 | $0.948 \times 10^5$ | 1.77 | 4.77 |
| 铝管、铝合金管 | | 光滑区 | $0.861 \times 10^5$ | 1.74 | 4.74 |

（2）干管水头损失按式（6-18）计算。多级干管时需逐级累加。

### 6.4.3　管灌管网水力计算

管灌管网水力计算步骤和方法与喷灌基本一致，此处不再累述。

## 6.5　附属建筑物设计

附属建筑物是灌溉系统的重要组成部分，附属建筑物设计直接影响系统的

稳定性和安全性。灌溉系统管网附属建筑物包括闸阀井、排水井、镇墩及过路涵管等交叉建筑物。

### 6.5.1　闸阀井设计

闸阀井是灌溉系统必需的附属设施，一般在地下管道的各种阀门（如闸阀、蝶阀、减压阀、进排气阀等）安装处均需设置，用来启闭、保护及检修阀门。由于南方地区对防冻要求低，闸阀井可分为地下式和地表式两种。

（1）地下式闸阀井。地下式闸阀井设计时其尺寸大小以便于人工操作为宜，一般井底直径为 1.2m 左右，井口直径 0.7m 以上，结构砖砌为宜，井内要增设爬梯，井盖有钢筋混凝土结构，也有铸铁结构，一般重量要更大一些，不易被人偷盗；上部为缩口形、下部为圆柱形为宜。

（2）地表式闸阀井。地表式闸阀井是通过管道连接件将闸阀等控制件的安装位置从地下延伸到地表，以方便控制和管理。地表式闸阀井的主要作用是保护闸阀设备免受日晒雨淋及防盗，结构尺寸按照地表设施确定，一般采用预制件。

### 6.5.2　排水井设计

排水井也是管道附属设施，南方地区排水井主要作用是冲洗管道时排出污水，以防管道中的污物沉淀等堵塞灌溉系统。排水井应根据地形条件，一般设置位置在管道低洼处和管道末端。按结构形式，排水井可分为地下式和地表式两种。

（1）地下式排水井。地下式排水井结构应考虑尽量将排水迅速渗入地下的原则。若排水井内设闸阀，排水阀一般采用 PVC‐U 或 AOS 材质的球阀，以便安装与操作。

（2）地表式排水井。地表式排水井的主要作用是保护闸阀设备免受日晒雨淋及防盗，其结构尺寸按照地表设施确定，一般采用预制件。

### 6.5.3　镇墩设计

镇墩的作用是稳定管道，将管道牢固地固定在所在位置上，以保证管网的安全正常运行。镇墩是管道系统中必不可少的附属建筑物，尤其是地形复杂、管道级别多的管道系统。

（1）镇墩的结构形式。镇墩、支墩是指用混凝土、浆砌石等土工砌体定位管道，借以承受管道中由于水流方向改变、管道或土体自重和温度变形等原因引起的推、拉力。镇墩可分为封闭式和开敞式两种。封闭式结构简单，对管道固定和受力较好，应用较普遍；开敞式易于检修，但镇墩处管壁受力不均匀，用于管道对镇墩作用力不大的情况。

（2）镇墩设置位置。镇墩设置应考虑传递力的大小和方向，并使之安全地传递给地基。一般在管道分叉、拐弯、变径、末端、阀门位置和陡坡管段处（图 6-15），每隔一定距离设置镇墩，必要时加设支墩。

（3）镇墩设计技术要求。镇墩设计内容包括镇墩自身的强度、校核镇墩抗滑和抗侵稳定性、验算地基强度及稳定性等，陡坡管道还应考虑管道自重、管内水重，由稳定计算确定镇墩的大小和尺寸。

封闭式镇墩必须将管道包于其中，厚度不小于 20cm。根据情况镇墩可以设计为半封闭式，在管底现浇混凝土的同时预埋螺杆，等管道安装后用压条固定；一般管材埋于镇墩内一半即可。这种设计比较科学，但施工比较复杂。镇墩混凝土标号不小于 C20，现场浇筑，48h 后才能进行部分回填。

镇墩应布设在总干管、干管、分干管、支管等埋于地下管道的水平或垂直转弯、各级管道连接和建筑物连接进出口等部位，如果安装管道较长、地形坡降较大或地形比较复杂，应加设支墩。镇墩、支墩的体积和结构通过计算确定。注意不能将镇墩、支墩和管道一起浇筑，镇墩、支墩浇筑时先留预埋件，等管道安装后再把预埋件配件固定。

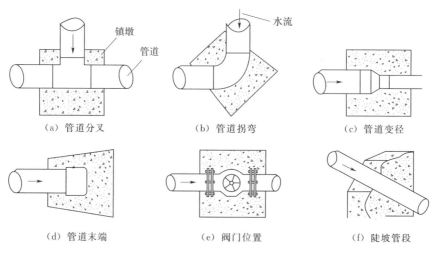

（a）管道分叉           （b）管道拐弯           （c）管道变径

（d）管道末端           （e）阀门位置           （f）陡坡管段

图 6-15   镇墩位置设置示意图

## 6.6   水锤计算

在管道运行中，由于闸阀或给水栓的突然关闭或开启，引起管道系统内压力急剧变化，发生压强交替升降的波动现象，称为水锤现象。为保证管道系统的安全正常运行，应对水锤进行分析计算。

（1）根据（GB/T 50485—2009）《微灌工程技术规范》的规定，节水灌溉用的聚乙烯管材可不进行水锤压力验算，其他管材当关阀历时大于 20 倍水锤时长时，也可不验算关阀水锤，除此之外，应进行水锤验算。

当关阀历时符合式（6-22）和式（6-23）条件时，可不验算关阀水锤压力：

$$T_s \geqslant 40 \frac{L}{a_w} \tag{6-22}$$

$$a_w = 1425 \Big/ \sqrt{1 + \frac{K}{E} \cdot \frac{D}{e} \cdot c} \tag{6-23}$$

式中　　$T_s$——关阀历时，s；

　　　　$L$——管长，m；

　　　　$a_w$——水锤波传播速度，m/s；

　　　　$K$——水的体积弹性模数，GPa，常温时 $K = 2.025$GPa；

　　　　$E$——管材的纵向弹性模量，GPa，各种管材的 $E$ 值见表 6-19；

　　　　$D$——管径，m；

　　　　$e$——管壁厚度，m；

　　　　$c$——管材系数，匀质管 $c=1$，钢筋混凝土管 $c=1/(1+9.5a_0)$；

　　　　$a_0$——管壁环向含钢系数，$a_0 = f/e$；

　　　　$f$——每米长管壁内环向钢筋的断面面积，$m^2$。

表 6-19　　　　　　　　　各种管材的纵向弹性模量

| 管材 | 钢管 | 球墨铸铁管 | 铸铁管 | 钢筋混凝土管 | 铝管 | PE 管 | PVC 管 |
|---|---|---|---|---|---|---|---|
| $E$/GPa | 206 | 151 | 108 | 20.58 | 69.58 | 1.4~2 | 2.8~3 |

（2）主干管、田间分干管采用 UPVC 管材，要进行水锤压力计算，计算公式如下：

$$\Delta H = \frac{C \Delta v}{g} \tag{6-24}$$

$$C = \frac{1435}{\sqrt{1 + \dfrac{2100(D-e)}{E_s e}}} \tag{6-25}$$

式中　　$\Delta H$——直接水锤的压力水头增加值，m；

　　　　$C$——水锤波在管中的传播速度，m/s；

　　　　$\Delta v$——管中流速变化值，m/s；

$g$——重力加速度，$m/s^2$；

$D$——管道外径，mm；

$e$——管壁厚度，mm；

$E_s$——管材的弹性模量，MPa。

由于水锤强度取决于流速变化的剧烈程度，所以水锤压力验算应选取流速变化较强烈的管段进行计算。

对于最不利管道，由于过水断面不变，造成管内流速变化的原因有：水泵启动产生的起动水锤、关闭阀门产生的关闭水锤、停泵产生的停泵水锤，其中尤以停泵水锤危害最大。

根据 GB/T 50485—2009《微灌工程技术规范》，当计入水锤后的管道工作压力大于塑料管 1.5 倍容许压力或超过其他管材的试验压力时，应采取水锤防护措施。当轮灌组干管工作压力没有超过塑料管 1.5 倍容许压力时，无需专门在干管首部加安全阀，但为保证运行安全，灌水时一定要按轮灌顺序进行工作，以防系统内压力不均而影响灌水均匀甚至破坏系统，且应尽量延长关闭阀门的时间，以不小于 30s 为宜。

# 7 工程投资与经济评价

## 7.1 工程投资

### 7.1.1 概算依据

（1）执行桂水基〔2007〕38号文《广西水利水电工程设计概（预）算编制规定》及《广西水利水电工程概（预）算系列定额》。

（2）工程量计算执行 SL 238—2005《水利水电工程设计工程量计算规定》。

### 7.1.2 基础价格

（1）人工预算单价。根据广西水利厅、财政厅"桂水基〔2013〕第18号"文发布的《关于调整广西水利水电建设工程定额人工预算单价的通知》的有关规定，人工预算单价为5.25元/工时，其中3.46元/工时作为基价计入工程直接费，另1.79元/工时以价格补差形式计入工程单价。

（2）主要材料预算价格。根据施工组织设计选择的主要建筑材料来源及原价、运距计算主要材料预算价，采用信息价的注意核减当地信息价所包含的运距。地质、施工组织、概算的运距必须一致。

### 7.1.3 有关费率

（1）其他直接费。计算基础为直接费，建筑工程费率为2.5%，安装工程费率为3.4%。

（2）现场经费及间接费。现场经费及间接费按"桂水基〔2007〕38号"文中的"其它水利工程"取费。

（3）社会保障及企业计提费率。按人工费的38%取费。

（4）企业利润：（直接工程费＋间接费）×7％。

（5）税金：（直接工程费＋间接费＋企业利润）×3.37％。

### 7.1.4  其他建筑工程

按主体建筑工程投资的1％计取。

### 7.1.5  临时工程

临时工程包括临时房屋建筑、其他临时工程和施工临时道路，其中仓库、办公生活及文化福利建筑按建安工程费的1％～1.5％计算，其他施工临时工程按建安工程费的1.5％～2.5％计算，临时施工道路按5万～8万元/km计划投资。

### 7.1.6  独立费用

（1）项目建设管理费。建设单位管理费按一至四部分投资的百分比计算；工程管理经常费按一至四部分建安工程费的1.5％～3.0％计算。

（2）工程监理费。根据"发改价格〔2007〕670号"文规定计算。

（3）项目技术经济评审费。按工程一至四部分建安投资、设备投资及工程用地投资之和的0.1％～0.5％计算。

（4）生产及管理单位提前进厂费。按建筑安装工程费的0.2％～0.4％计算。

（5）生产职工培训费。按建筑安装工程费的0.3％～0.5％计算。

（6）管理用具购置费。按建筑安装工程费的0.02％～0.03％计算。

（7）备品备件购置费。按设备费的0.4％～0.6％计算。

（8）工器具及生产家具购置费。按设备费的0.08％～0.2％计算。

（9）勘测设计费：

1）前期工作费按国家发展和改革委员会、建设部印发的《水利、水电建设项目前期工作工程勘察收费暂行规定》（发改价格〔2006〕1352号）计算。

2）勘测设计费：①设计费按照国家计委、建设部"计价格〔2002〕10号"文规定计算；②地质勘察费按照国家计委、建设部"计价格〔2002〕10号"文规定计算；③测量费根据国家计委、建设部"计价格〔2002〕10号"文规定按1∶2000比例进行地形测量，计算测量费。

（10）其他。工程保险费按一至四部分投资合计的0.45％～0.5％计算；招标业务费按国家发展与改革委员会"计价格〔2002〕1980号"文关于印发《招标代理服务收费管理暂行办法》的通知计算；工程验收抽检费按一至四部分建安投资的0.2％计算；建筑工程意外伤害保险费按一至四部分建安工程费的3‰

计算。

### 7.1.7　其他概算问题

根据近几年广西实施的高效节水灌溉工程，各参建单位反映的概算问题主要是：

（1）管道土方开挖单价偏低。管道土方开挖应采用渠道土方开挖定额，提高土方开挖单价。

（2）管材、管件材料价格仍偏高。编制人员应充分调查当地、当时管材、管件的实际供货价格，并咨询上级设计审批部门。

## **7.2**　**经济评价**

### 7.2.1　概述

（1）经济评价应对项目背景、建设规模、建设内容、工程效益、建设计划等进行简要概述。

1）项目背景：主要描述项目建设的原因。

2）建设规模：设计灌溉范围和面积、提水泵站装机容量、设计扬程、装机台数、渠道长度等。

3）建设内容：简述工程建设包含哪些主要建设物（如取水工程、输配水工程）。

4）工程效益：灌溉面积、毛供水量、有效供水量（骨干工程末端）等，为经济评价计算采用的基础参数。

5）建设计划：投资计划安排。

（2）经济评价的基本依据。经济评价采用的基本依据主要有：

1）《建设项目经济评价方法与参数（第三版）》。

2）SL 72—94《水利建设项目经济评价规范》。

3）广西壮族自治区物价局、广西壮族自治区水利厅文件《关于印发广西壮族自治区水利工程供水价格管理实施办法的通知》（桂价格字〔2004〕41号）等。

（3）经济评价基本原则。国民经济评价是在合理配置社会资源的前提下，从国家经济整体利益的角度出发，计算项目对国民经济的贡献，分析项目的经济效益、效果和对社会的影响，评价项目在宏观经济上的合理性。灌区工程一般按项目新增投资及新增效益进行分析计算。

财务评价是在国家现行财税制度和价格体系的前提下，从项目的角度出发，计算项目范围内的财务效益和费用，分析项目的盈利能力和清偿能力，评价项目在财务上的可行性。考虑灌区工程具有一定的公益性，建设投资大，但收入主要为农业水费征收，财务收入非常有限，计算分析期内一般难以回收全部投资。因此，灌区工程重点测算总成本费用及年运行费，测算单方水供水成本及水价，并进行水价承受能力分析和财务生存能力分析，推荐合理水价，保证灌区良性运行。

### 7.2.2　投资、费用计算

#### 7.2.2.1　投资

工程投资一般包括工程静态总投资和流动资金。流动资金一般按年运行费的 10% 估算（若按此估算的值小于管理人员年工资及附加，则按管理人员年工资及附加考虑）。

#### 7.2.2.2　总成本费用

工程总成本费用包括折旧费、修理费、管理人员工资及附加、燃料动力费、其他财务费用等。其中经营成本为折旧费以外的全部费用。

（1）折旧费：采用历年平均折旧法，运行期历年固定资产折旧费按固定资产价值乘上综合折旧率求得。

高效节水灌溉工程一般包括水源工程、首部枢纽、输配水管网设施以及田间管网系统等，需分别考虑不同类型工程的使用寿命，分析工程固定资产的构成，综合考虑折旧率取值（一般为 2.0%～2.5%）。

（2）修理费：指为保持固定资产的正常运转和使用，充分发挥使用效能，对其进行必要修理所产生的费用。根据有关规定，水利建设项目一般按固定资产价值的 1.0% 估算。

（3）职工工资及附加：根据工程管理人员编制人数，结合现状当地劳动报酬支出，考虑基本工资、福利、职工教育、养老保险、医疗保险、公积金等综合确定。

（4）燃料动力费：主要是因原水抽水以及田间灌溉供水加压而产生的抽水电费。泵站抽水电量 $=kQH/3600$，电量单位为万 kW·h。式中，$k$ 为抽水综合系数，暂取 14；$Q$ 为年平均抽水量，单位为万 $m^3$；$H$ 为抽水平均扬程，单位为 m。根据公式进行计算，得灌区年用电量。结合地方农排用电价格，则可计算年抽水电费。

（5）其他财务费用：包括其他制造费用、其他管理费用和其他营业费用等。根据灌溉工程的特点，一般按有效供水量作为基数进行计算，按有效供水量

0.005～0.01 元/m³ 计算。

根据以上的分项计算成果，分别统计工程的总成本费用和经营成本费用。

### 7.2.3 国民经济评价

#### 7.2.3.1 投资、费用计算

（1）投资。直接采用 7.2.1 节描述的分年投资成果。

（2）费用。国民经济年运行费一般在 7.2.2 节分析的总成本费用基础上，剔除折旧费，同时对燃料动力费进行调整（将燃料动力费计算采用的当地实际用电价格换成区域影子价格即可，调整系数一般取 1.05 或 1.1）。

#### 7.2.3.2 效益计算

1. 经济效益

主要为灌溉效益，一般采用有、无灌溉工程对比的方法计算增产效益。常规计算按如下方法：

根据灌区内灌溉面积、各作物播种面积、单位面积产量、单位产量价格（当地实际价格）分别计算项目建设前、后主要农作物的产量及灌溉效益，差额部分即为增产效益。同时要考虑农作物的增产是水利灌溉和土地整理、肥料、种子、农业先进技术等措施综合作用的结果，因此增产量必须由水利和农业部门进行效益分摊。分摊以后的效益才是本工程的灌溉效益。

水利分摊系数一般根据历史调查和统计资料确定。调查无灌溉工程的若干年农作物产量 $Y_1$ 和有灌溉工程后但有、无农业技术措施对应的产量（$Y_2$、$Y_3$）后，按如下公式确定水利分摊系数：

$$\beta = [(Y_2 - Y_1) + (Y_3 - Y_1)]/2(Y_3 - Y_1)$$

根据经验，水利分摊系数一般为 0.2～0.3。

2. 社会效益、生态环境效益及其他效益

评价工程建设对区域社会经济的影响，重点强调农民增收情况，按工程增产效益除区域农业总人口分析而得人均收入增量。同时定性描述工程投产对区域其他行业（特别是糖厂企业）发展的推动作用。

生态环境效益主要体现在灌溉条件改善后，旱地、荒地可开发为蔗园地，有利于农村环境绿化和水土保持，促进农村生态走向良性循环，同时改善项目区土壤水分含量等。

#### 7.2.3.3 经济评价

经济评价主要包括经济费用效益计算及敏感性分析。效益与费用计算要口径对应一致。

（1）根据工程的投资计算、运行费及工程的效益对灌区工程编制国民经济

费用效益流量表，计算工程的国民经济指标，评价工程在国民经济上是否合理可行。国民经济主要指标包括经济内部收益率、经济净现值、经济效益费用比。

（2）根据有关规范，社会折现率一般情况取8％，对于受益期长的建设项目（一般是公益性项目），如果远期效益较大，效益实现的风险较小，社会折现率可适当降低，但不低于6％。

（3）考虑投资及效益单、双因素变化，按增减10％拟定几个方案，分别分析项目的国民经济指标的变化情况，分析工程在经济上的抗风险能力。

### 7.2.4　财务评价

#### 7.2.4.1　成本水价测算

单位供水成本＝供水生产成本费用/有效供水量。有效供水量按骨干工程末端断面计量。

单位总成本水价按总成本费用除以有效供水量而得；相应的单位经营成本水价按经营成本除以有效供水量。

#### 7.2.4.2　水价合理性分析

将测算水价与现状实际征收的水价比较（注意水价采用的断面要一致），并分析亩均水费（推荐水价乘以单位亩有效供水量即可得到亩均水费）占现状亩均效益和规划亩均效益的比例，同时结合当地农民现状及远期纯收入情况，分析测算水价是否合理可行，最终提出合理的水费征收方案。

#### 7.2.4.3　财务收入

主要说明财务效益计算的方法和参数；财务收入＝有效供水量×推荐供水水价。

#### 7.2.4.4　财务生存能力分析

根据历年的供水量以及水费征收方案，计算工程历年的财务收入，并与工程的总成本费用以及经营成本费用进行对比。若历年财务收入大于经营成本，则工程在财务上可生存。否则应提出合理的补偿措施，确保工程日常良性运行。

### 7.2.5　综合评价

总论项目在国民经济上是否合理可行，以及在经济上的抗风险能力。评价工程的总成本水价、经营成本水价，提出合理的水费征收方案，评价推荐水价方案的生存能力等。综合评价项目在国民经济和财务上的可行性。

# 8  工程施工及设备安装

## 8.1  施工程序

（1）工程施工应在施工准备完成之后开始。

（2）施工应严格按照设计进行施工，修改设计应先征得设计部门同意，经协商取得一致意见后方可实施，建设地点及规模改变、技术方案调整等重大变更，须经主管部门审批。

（3）施工中应注意防洪、排水、保护农田和林草植被，做好弃土处理。

（4）施工时应结合作物、工程类型和工期的要求，合理安排施工顺序。

（5）施工放样应按下列要求进行：

1）工程应根据设计图纸进行放样，必要时应设置施工测量控制网，并应保留到施工完毕；应标明建筑物和管线主要部位与开挖断面要求。

2）放线应从水源工程开始，定出建筑物主轴线、泵房轮廓线及干支管进水口位置，并应从干管出水口引出干管轴线后再放支管管线。干管直线段宜每隔30～50m设一标桩；分水、转弯、变径处应加设标桩；地形起伏变化较大地段，宜根据地形条件适当加桩。

3）在泵房和首部枢纽控制室内，应标注水泵、动力机及控制柜、施肥装置、过滤器等专用设备的安装位置。

（6）施工中应按施工安装要求随时检查施工质量，发现不符合设计要求的应坚决返工，杜绝隐患。

（7）在施工过程中应做好施工记录。施工结束后应及时绘制竣工图，编写竣工报告。

（8）对隐蔽工程应填写《隐蔽工程记录》，出现工程事故应查明原因，及时处理，并记录处理措施，经验收合格后才能进入下一道工序施工。

## 8.2　施工前准备

（1）施工技术准备。施工前应检查工程施工的有关文件、资料是否齐全；熟悉工程设计图纸，按图施工，发现问题应及时与设计部门协商，并提出合理的修改方案。

（2）施工物资准备。施工前应编制施工预算，确定各种物资需要量，制定物资进场时间计划和运输方案；根据采用的施工方案、安排施工进度，确定施工设备、测量仪器，准备好施工工具；组织好施工机械，确定施工机械的类型、数量和进场时间。

（3）劳动组织准备。施工前应根据工程性质建立施工项目的管理机构。按照工期要求，确定各类工程施工的人员配置和劳动力数量；建立健全岗位职责，制定考核制度；组织施工人员学习施工技术，并进行安全环保、文明施工、职业健康等方面的教育。

（4）施工现场准备。施工前应对施工现场进行全面的了解，制作施工总平面图，做好施工场地的控制网测量；做好施工现场的补充勘察，制定永久建筑物和地下隐蔽物的处理方案和保护措施；准备好生产、办公、生活和仓储等临时用房，确定加工场地；建立消防、安保等组织机构，制定环境保护措施。

## 8.3　施工放线

施工放线主要是对泵站、蓄水工程的开挖和砌筑，以及各级管道等沟槽的开挖，并在现场进行放线。放线应按设计图纸要求进行，用白灰和木桩做出标记。施工现场应设置施工测量控制网，做好标记并保存到竣工。

### 8.3.1　泵站、蓄水池施工放线

一般用水准仪在现场定出建筑物的主轴线和纵轴线、基坑开挖线及建筑物的轮廓线等，并标明建筑物的主要部位和基坑的开挖高程。

### 8.3.2　管线放样

依设计平面图和管道纵剖面图，用经纬仪控制，按设计要求的管线定向，将管道中心线放到地面，每隔 20～30m 打一个木桩，用水准仪测量每个桩号处的地面高程，在木桩上标出管底高程和开挖深度。中心线两侧的管沟开挖线用白灰画出。与此同时对每个阀门井、镇墩、支墩的位置与开挖轮廓也一齐放线。

遇有复杂的地形时还应对设计时没有考虑的问题，在取得设计者同意的前提下，可根据地形、地物实际情况进行必要的修正。管线放样按干管、支管、毛管的顺序依次进行。

## 8.4 土建施工要点

### 8.4.1 泵站工程

泵站施工质量的好坏直接关系工程运行和效益的发挥。其施工内容主要有以下几个方面：

1. 施工放线、开挖

泵站施工现场应设置测量控制网，进行方位控制和高程控制，并保存到施工验收完毕。通过施工测量，定出建筑物的纵横轴线、基坑开挖线与建筑物的轮廓线，标明建筑物的主要部位和基坑开挖高程。

基坑开挖必须保证边坡稳定，根据不同土质情况采用不同的边坡系数（表8-1）。基坑开挖后不能进行下道工序时，应保留 10～30cm 土层，待下道工序开始前挖至设计高程，泵站机组基础必须浇筑在未经松动的原状土上，当地基承载力小于 0.05MPa 时，应按设计要求进行加固处理。

表 8-1 基坑开挖边坡系数

| 土质类别 | 挖深小于 3m | 挖深 3～5m | 土质类别 | 挖深小于 3m | 挖深 3～5m |
|---|---|---|---|---|---|
| 黏土 | 1:0.25 | 1:0.33 | 砂土 | 1:0.75 | 1:1.00 |
| 壤黏土 | 1:0.33 | 1:0.50 | 淤土 | 1:3.00 | 1:4.00 |
| 壤土 | 1:0.50 | 1:0.75 | 岩石 | 1:0 | 1:0 |
| 沙壤土 | 1:0.60 | 1:0.85 | | | |

基坑应设置明沟或井等排水系统，将基坑积水排走，以免影响施工。

2. 泵站施工

灌溉工程所用泵站一般采用分基型机房，即泵房墙体与机组基础是分开的。水泵与动力机应安装在同一块基础上，机组和基础的公共重心与基础底面形心应位于同一条垂直线上。基础底面积要足够大，保证地基应力不超过地基允许承载力。基础上顶面要高出机房地板一定高度，基础底面应处于冻层以下。

为保证运行时机组的位置不变，并能承受机组的静荷载和振动荷载，基础应有足够的强度，为此基础通常用 C20 混凝土浇筑，并按上述要求浇筑在未松动的原状土上。此外，还应符合以下要求：基础的轴线及需要预埋的地脚螺栓或二期混凝土预留孔位置应正确无误，为此应制作木制或铁制模板，按水泵和动力机的安装尺寸要求打孔，然后将地脚螺栓穿在模板上再进行浇筑，浇筑时应保持地脚螺栓轴线垂直。若因施工条件所限，难以保证预埋地脚螺栓的位置精度，也可预留较大的孔，待水泵和动力机吊装到位后，二次浇筑固定地脚螺栓，预留孔必须呈楔形，口小底大，尺寸符合设备安装要求。水泵和动力机的安装面高程往往不同，浇筑时应严格控制两个安装面的高差。基础绕筑完毕拆模后，应用水平尺校平，其顶部高程应正确无误。

泵站建筑物的砌筑应符合 GB 50230《砌体工程施工质量验收规范》、GB 50204《混凝土结构工程施工质量及验收规范》、GB J08《地下防水工程施工及验收规范》、GB 50209《建筑地面工程施工质量验收规范》等有关规范的规定。

### 8.4.2 蓄水池施工

蓄水池的作用是调蓄水源来水量以满足灌溉用水要求。蓄水池的型式有开敞式、封闭式，形状有圆形和矩形等。修建蓄水池应就地取材、因地制宜，以降低工程造价。对蓄水池工程的要求包括池墙体稳定、池底牢固、不漏水。这里介绍最常见的开敞式浆砌石圆形蓄水池施工。

开敞式浆砌石圆形蓄水池的砌筑分为池墙砌筑、池底建造和附属设备安装三部分。施工前应在蓄水池旁设置高程控制点，以便对蓄水池的各部分进行高程控制。

1. 池墙砌筑

施工前应首先查看地质资料和地基承载力，并在现场进行坑探试验，若土基承载力不够，则应采取加固措施。池墙砌筑时，应按设计图纸放出墙体大样。严格掌握垂直度、坡度和高程。池墙砌筑要求如下：

（1）石料应质地坚硬，形状大致为方形，无尖角石片。风化石、薄片石料不宜选用。

（2）池墙砌筑应沿周边分层整体砌石，不可分段分块单独施工，以保证池墙的整体性。

（3）浆砌块石一般用灌浆法砌筑，墙两侧临空面用坐浆法砌筑密实，中间部分用灌浆法，灌浆时应插入钢钎并摇动，促使灌浆密实。墙内侧块石临池面要求规则整齐，经铲凿修理后方可使用。

（4）水泥砂浆强度等级应符合设计要求，并按设计要求控制砂浆用量。砂浆应随拌随用，不得留置过久，一般不宜超过 45min。

（5）浆砌石在外露的（地面以上部分）外侧面进行勾缝。勾缝前应将砌缝刷洗干净，并用水湿润。

（6）池墙内壁用 M10 水泥砂浆抹面 3cm 厚，砂浆中加入防渗粉，其用量为水泥用量的 3%～5%。

（7）池墙砌筑时应预留（预埋）进、出水孔（管），出水孔（管）与墙体结合处做好防渗处理。当选用硬塑管或钢管作为出水口时，在池墙内设 2～3 道橡胶止水环，或用沥青油麻绑扎管壁，然后用水泥砂浆将四周空隙筑实。出水口闸阀处应砌镇墩，以防管道晃动。

2. 池底建造

池底施工程序分为基础处理、浆砌块石、混凝土浇筑、池底防渗四道环节。

（1）基础处理。土质基础一般都要经过换基土、夯实碾压后才能进行建筑物施工。根据设计尺寸开挖池底土体，并碾压夯实底部原状土。回填土可按设计要求采用 3：7 灰土、1：10 水泥土或原状土，分层填土碾压、夯实。土料最优含水量见表 8-2。

表 8-2　　　　　　　　　土 料 最 优 含 水 量

| 土料种类 | 最优含水量/% | 土料种类 | 最优含水量/% |
|---|---|---|---|
| 沙壤土 | 9～15 | 壤黏土 | 16～20 |
| 壤土 | 12～15 | 黏土 | 19～23 |

（2）浆砌块石。地基经回填碾压夯实达到设计高程后即可进行池底砌石。当砌石厚度在 30cm 以内时，一次砌筑完成；当砌石厚度大于 30 cm 时，可根据情况分层砌筑。砌石时，底部采用坐浆法砌底面，然后进行灌浆。用碎石充填石缝，务必灌浆密实，砌石稳固，上层表面呈反坡圆弧形。

（3）混凝土浇筑。浆砌石完成后，应清除杂物，然后浇 C20 混凝土，厚 10cm，依次推进，形成整体，一次浇筑完成，并应及时收面 3 遍，表面要求密实、平整、光滑。

（4）池底防渗。池底混凝土浇筑后，应用清水洗净，清除尘土后方可进行防渗处理。可用水泥加防渗剂用水稀释成糊状刷面，也可喷射防渗乳胶。

3. 附属设备安装

蓄水池的附属设备包括沉沙池、进水管（槽）、溢流管、出水管与排水管等。

（1）沉沙池。沉沙池为蓄水池前防止泥沙入池的附属设备。一般要求将推移质泥沙（粒径在 0.04～2.0mm，沉速 0.8～2.5mm/s）中的沙粒沉淀下来。当水源为河水、山涧溪水、截潜流、大口井水等含沙量很小的水时，可不设沉沙池，也可利用天然坑塘、壕沟作为沉沙池之用。沉沙池一般修建在蓄水池 3m 以外。

沉沙池一般呈长条形，长2~3m或更长、宽1~2m、深1.0m，池底比进水管槽低0.8m，断面为矩形或梯形。沉沙池多为土池，也有水泥沙池、砖砌池、浆砌池和混凝土池。

（2）进水管（槽）。进水管多采用直径8~10cm的塑料硬管。前端位于沉沙池池底以上0.8m处，末端伸入蓄水池内。进水槽为C20混凝土现场土模预制，壁厚4cm，每节长为1.5m，宽度和高度视入池水量而定，当1节槽长不够时，可用2~3节连接。

进水管（槽）前应设置拦污栅，其形式多样，可就地取材。

（3）溢流管。溢流管是为了防止超蓄危及蓄水池安全的设施。溢流管安设在蓄水池最高蓄水位处，将达到最高蓄水位以上的水安全排泄出蓄水池。

（4）出水管与排水管。蓄水池出水管可安装在离池底0.3m处的池壁上。清洗泥沙等沉淀物及排空池水的排水管应低于蓄水池底或与蓄水池底相平。

### 8.4.3 管槽开挖

（1）管槽开挖应按施工放线轴线和槽底高程进行。

（2）管槽应平整顺直，并应按规定进行放坡。

（3）管槽开挖后应及时进行下道工序，若不能及时进行下道工序，应预留10~15cm土层不挖，待下道工序开始前再挖至设计标高。

（4）管槽有积水时，应做排水处理。

### 8.4.4 管道回填

（1）在管道安装过程中，应在管段无接缝处先覆土固定。

（2）管道安装完毕后，应进行冲洗试压，全面检查管道安装质量，合格后方能回填。

（3）砌筑完毕应待砌体砂浆或混凝土凝固达到设计强度后再回填。

（4）回填前应清除沟内一切杂物，排净积水。

（5）回填土应干湿适宜，分层夯实与砌体接触紧密。

（6）回填应在管道两侧同时进行，严禁单侧回填。

（7）在管壁四周10cm内的覆土不应有直径大于4.5cm的砾石和直径大于5cm的土块，回填应高于地面以上10cm，沿路网布置的管槽回填应分层夯实。

（8）采用机械回填时为保证管道不被损坏或移位，应先用人工回填至管道顶部15~20cm处，再用机械回填。

### 8.4.5 阀门井及镇（支）墩

（1）阀门井及镇（支）墩施工应符合GB 50203《砌体工程施工及验收规范》

和 GB 50204《混凝土结构工程施工及验收规范》的规定。

（2）各级管道端点、弯头、三通及管道截面变化处均应设置混凝土镇墩，管道平面弯曲角度大于 10°的拐点两端 2m 以内应设置混凝土镇墩；管道垂直弯曲角度大于 5°的拐点两端 5m 以内及坡长大于 30m 的管道中点均应设置混凝土镇墩。

（3）阀门井及镇（支）墩处应夯实地基，特别是在斜坡处地基应可靠，以免建筑物下沉给管道产生附加重力而破坏管道。

## 8.5　设备安装要点

### 8.5.1　一般规定

安装可与工程施工同时进行，但应注意工序之间的协调。安装应严格按设计图纸进行，若有变动应征得设计部门同意。应随时检查安装质量，发现问题及时解决，杜绝隐患。管道安装中应考虑温度对管材的影响因素。

### 8.5.2　机电设备安装

#### 8.5.2.1　一般要求

机电设备安装一般要求如下：

（1）设备安装人员在安装前应了解设备性能，熟悉其安装要求，应具备安装的必要知识和实际操作能力，熟悉安全操作规程。

（2）设备安装所需工具、材料准备齐全，安装用的机具应预先确认安全可靠。

（3）与设备安装有关的土建工程应验收合格。

（4）待安装的设备按设计核对无误，检验合格，内部清理干净，不存杂物。

机电设备的安装顺序为：水泵→动力机→主阀门→压力表→水表→各轮灌区阀门。施肥罐、过滤器应安装在压力表与水表之间。

机电设备安装还应符合下列要求：

（1）动力机以直联方式拖动水泵时，应严格保证动力机和水泵同轴，为此应用楔形铁先将其中之一调整水平，然后利用楔形铁调整另一个设备的前后高度，使轴联器端面间隙上下、左右一致，外缘母线平行，距离均匀。调整时，要随时保持地脚螺栓的旋紧程度，不得以旋松地脚螺栓的办法调整同轴度；应按一个方向盘动水泵或动力机，避免加工误差的不良影响；楔形铁应靠近地脚螺栓均匀垫放，保证设备底座与基座有较大的支承面。

（2）动力机以皮带传动方式拖动水泵时，应保证动力机和水泵的轴线平行，皮带轮在同一垂直平面内。动力机和水泵均应用地脚螺栓可靠固定，中心距符合设计规定。

（3）柴油机的排气管应通向室外，且不宜过长。电动机的外壳应接地，绝缘应符合标准。

（4）各部件与管道的连接可用法兰或丝扣，应保持同轴、平行，螺栓自由穿入，不得用强紧螺栓的方法消除歪斜。法兰连接时，需装止水垫。

（5）电器设备应由具有低压电器安装资格的专业人员按电器接线图的要求进行安装。安装后应检查接线是否正确并进行试运行，检查电器设备工作是否正常，三相供电线端子上的电压是否符合规定，若有异常应立即切断电源，排除故障。检查水泵接线相序是否正确时，应尽可能缩短运转时间，若发现水泵转向与说明书要求的方向不符，应调换接线，使相序符合要求。

### 8.5.2.2 水泵安装

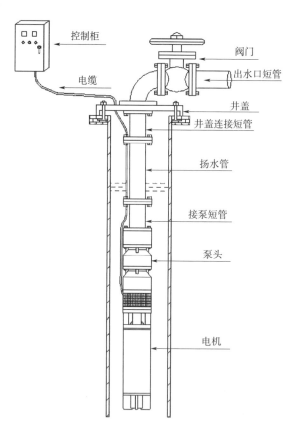

图 8-1 井用潜水电泵的外形结构及安装示意图

1. 井用潜水电泵

井用潜水电泵安装前应检查井筒是否顺直，井管是否完整，并准确定位水泵安装深度。安装时输水管与水泵及输水管之间的连接必须牢固，吊装水泵下井必须使用钢丝绳套和专用的起吊设备，严禁使用电缆线承吊潜水泵和井管。安装完成后井口应封盖，井口盖应坐在井口的混凝土基座上。定位后潜水电泵距井底的距离应保证机组的正常运行。井用潜水电泵的外形结构及安装如图 8-1 所示。

2. 离心泵（单吸单级、单吸多级）

SLS 型单吸单级立式离心泵和 SLD 型单吸多级离心泵是常规产品的新型离心泵，通常已经由厂家选配好电机和联轴器。SLS 型单吸单级立式离心泵的外形及安装如图 8-2 所示。

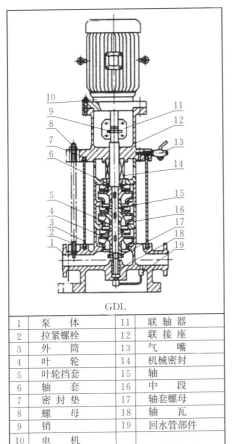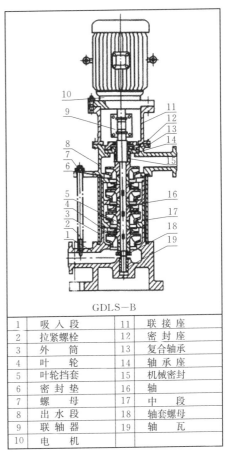

| | GDL | | |
|---|---|---|---|
| 1 | 泵 体 | 11 | 联 轴 器 |
| 2 | 拉紧螺栓 | 12 | 联 接 座 |
| 3 | 外 筒 | 13 | 气 嘴 |
| 4 | 叶 轮 | 14 | 机械密封 |
| 5 | 叶轮挡套 | 15 | 轴 |
| 6 | 轴 套 | 16 | 中 套 |
| 7 | 密 封 垫 | 17 | 轴套螺母 |
| 8 | 螺 母 | 18 | 轴 瓦 |
| 9 | 销 | 19 | 回水管部件 |
| 10 | 电 机 | | |

| | GDLS-B | | |
|---|---|---|---|
| 1 | 吸 入 段 | 11 | 联 接 座 |
| 2 | 拉紧螺栓 | 12 | 密 封 座 |
| 3 | 外 筒 | 13 | 复合轴承 |
| 4 | 叶 轮 | 14 | 轴 承 座 |
| 5 | 叶轮挡套 | 15 | 机械密封 |
| 6 | 密 封 垫 | 16 | 轴 |
| 7 | 螺 母 | 17 | 中 段 |
| 8 | 出 水 段 | 18 | 轴套螺母 |
| 9 | 联 轴 器 | 19 | 轴 瓦 |
| 10 | 电 机 | | |

图 8-2  SLS 型单吸单级立式离心泵的外形及安装

离心泵应安装在坚实的基础上，安装前应先按项目区位置和水源水位确定水泵的安装高程，根据机组安装尺寸和地基承载力要求设计水泵基座的尺寸，然后根据安装高程确定水泵基座的相应高程。基础浇筑前应对地基进行开挖、清理，夯实后填好垫层，基础浇筑时应预埋地脚螺栓。水泵的进水管应水平安装，密封良好；进口异径管安装时上端水平、下端倾斜。立式离心泵机组的基础尺寸较小，通常需要加装隔振装置。

3. 管道泵

管道泵多为立式单级离心泵，如 ISG 系列管道泵，其电机主轴直接安装叶轮，密封性能好、结构紧凑、体积小、质量轻、效率高，安装维修方便，可根据扬程与流量的需要采用串联使用。ISG 管道泵的结构如图 8-3 所示。

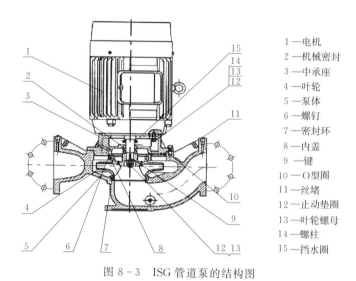

1—电机
2—机械密封
3—中承座
4—叶轮
5—泵体
6—螺钉
7—密封环
8—内盖
9—键
10—O型圈
11—丝堵
12—止动垫圈
13—叶轮螺母
14—螺柱
15—挡水圈

图 8-3　ISG 管道泵的结构图

管道泵的进出口方向在一条轴线上，故可直接串接在管道系统中，由于体积小、质量轻，安装相对简单。安装时，应注意进、出水管的中心线要对正，水泵轴线应垂直于水平面。

管道泵安装前应先确定安装位置，并按照管道泵尺寸设计和浇筑泵座基础，预埋地脚螺栓，螺栓位置应准确无误。

需要特别注意的是，在市政管网系统中一般不允许在原管网中直接串接管道泵，应将管网水放入蓄水池中后再提水加压。

### 8.5.3　管道安装

管道式灌溉系统的管材用量很大，管件也比较多，刚性管材和硬塑料管的供应状态均为单节的管道，受运输限制，单节一般不超过 6m，故现场安装工作量很大，工程质量往往反映在管道安装上。此外，阀门、给水栓的安装也应严格按照使用说明书和施工技术要求进行。

1. 管道安装的一般要求

（1）管道安装前，应按照设计要求核对待安装设备的数量、规格、材质、型号，认真进行外观质量检查，核对连接尺寸，应对管材、管件、灌水器等用量大的材料设备按照相关规定进行质量检测，不合格者不得就位。设备安装所需工具、机具应预先确认安全可靠。

（2）管道施工前应将管材、管件运抵现场并沿管槽排放在无堆土的一侧。管槽底面若有落石、落土，应予以清除，积水应事先排净并落干。管道安装宜按从首部向尾部，从低处向高处，先干管后支管的次序施工；对于承插口管材，插口在上游，承口在下游，依次施工。

吊运管道时，管道不得与槽壁、槽底碰撞。管道中心线应平直，不得用木垫、砖垫和其他垫块垫管。管底与管基应紧密接触。

安装带有法兰的阀门和管件时，法兰应保持同轴、平行，保证螺栓自由穿入，不得用强紧螺栓的方法消除歪斜。

（3）管道系统上的建筑物必须按设计要求施工，地基应坚实，必要时应进行夯实或铺设垫层，出地管的底部和顶部应采取加固措施。

（4）管道安装时应随时进行质量检查，分期安装或因故中断安装应用堵头将敞口封闭，不得将杂物留在管内。

2. 硬聚氯乙烯管（PVC－U）安装

（1）硬聚氯乙烯管（PVC－U）可采用承插式橡胶圈止水连接、承插连接或套管粘接。套管、法兰、卡箍、紧固件等配套管件，宜由管材生产厂家配套供应。

（2）管径90mm以上宜优先采用承插式橡胶圈止水连接，管径90mm以上弯头与管材宜采用法兰连接。套管、法兰、卡箍、紧固件等金属制品应根据现场土质并参照相关标准采取防腐措施。

（3）采用粘接法安装时，应满足以下要求：

1）粘合剂应与管道材质相匹配。

2）被粘接的管端、管件应去污、打毛等预加工处理。

3）粘接连接的管道，在施工中被切断时，需将插口处倒角。切断管材时，应保证断口平整且垂直管轴线。倒完角后，应将残屑清除干净。

4）管材或管件在粘结前，用棉纱或干布将承口内侧和插口外侧擦拭干净，使被粘结面保持清洁，无尘沙和水迹。当表面粘有油污时，需用棉纱蘸清洁剂擦净。

5）粘结前应将两管试插一次，使插入深度及配合情况符合要求，并在插入端表面划出插入承口深度的标线。

6）粘接时粘合剂涂抹应均匀，涂抹长度应符合设计规定，周围配合间隙应相等，并用粘合剂填满，且有少量挤出，并适时插入并转动管端。

7）粘结作业应在无风沙条件下进行。

8）承插管轴线应对直重合，承插深度应符合要求。

9）粘合剂固化前管道不得移动。

粘接法安装如图8－4～图8－7所示。

（4）采用承插式橡胶圈止水连接时，应满足以下要求：

1）采用橡胶圈连接管道放入管槽时，扩口应朝向来水方向。

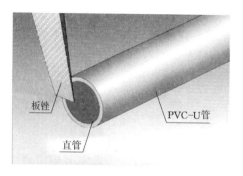

图 8-4　在涂抹粘合剂之前，用干布
将承插口处粘接表面残屑、灰尘、
水、油污擦净

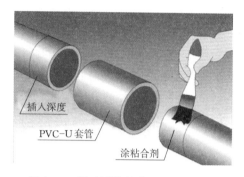

图 8-5　用毛刷将粘合剂迅速均匀地
涂抹在插口外表面和
承口内表面

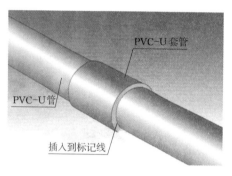

图 8-6　将两根管材和管件的中心找准，
迅速将插口插入承口保持至少两分钟，
以便粘合剂均匀分布固化

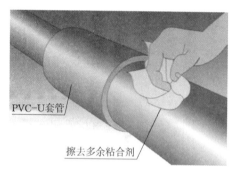

图 8-7　用布擦去管材表面多余的粘合剂，
在连接好 48h 后方可通水试压

　　2）采用承插式橡胶圈止水连接宜在当日温度较高时进行，插口端不宜插到承口底部，应留出不小于 10mm 的伸缩空隙，插入前应在插口端外壁做出插入深度标识；插入完毕后，承插口周围空隙均匀，连接的管道平直。

　　3）管道安装前应清理干净承口内橡胶圈沟槽、插口端工作面及橡胶圈，不得有土或其他杂物。

　　4）将橡胶圈正确安装在承口的橡胶圈沟槽区中，严禁装反或扭曲。

　　5）为了安装方便可以先用水浸湿胶圈，但严禁橡胶圈上涂润滑剂。

　　6）用毛刷将润滑剂均匀地涂在已安装的橡胶圈和管插口端外表面上，严禁将润滑剂涂在承口处的橡胶圈沟槽内。

　　7）将连接管道的插口对准承口，保持插入管端的平直，用人力或拉紧器将管一次插入至标线，若插入管道阻力过大，切勿强行插入，以防橡胶圈扭曲。

8) 每连接一段管道用塞尺顺承插口间隙插入，沿管圆周检查橡胶圈的安装是否正确；或采用光线照射管道中心线，以有无反光判断橡胶圈的安装是否正确。

9) 承插连接时，管材的安装轴线应对直重合，其套管与止水胶圈规格应匹配，胶圈装入套管槽内不得扭曲和卷边。插头外缘应涂匀润滑剂，不得使用对胶圈有腐蚀的物质作润滑剂。对正止水胶圈，另一端用木锤轻轻敲打或用紧绳器等将管道插至规定深度。塑料管接头最小插入深度见表8－3。

表8－3　　　　　　　　　　塑料管接头最小插入深度　　　　　　单位：mm

| 公称外径 | 63 | 75 | 90 | 110 | 125 | 140 | 160 | 180 | 200 | 225 | 280 | 315 |
|---|---|---|---|---|---|---|---|---|---|---|---|---|
| 插入长度 | 64 | 67 | 70 | 75 | 78 | 81 | 86 | 90 | 94 | 100 | 112 | 113 |

承插式橡胶圈止水连接如图8－8～图8－11所示。

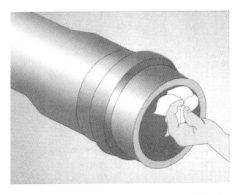

图8－8　清洁管材承插接口两端之内外壁、
检查插口是否已经倒角

图8－9　取出橡胶圈擦干净再予以套入

用毛刷适当涂上润滑剂

图8－10　在橡胶密封圈表面及插口
前端涂抹润滑剂（通常用肥皂水等），
在插口上标上插入深度标记

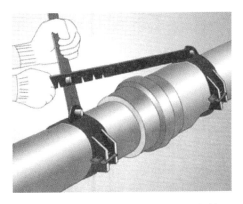

图8－11　将插口插入承口（小口径管
可用人力插入，中、大口径管
应利用拉力器插接）

3. 聚乙烯管（PE）安装

（1）聚乙烯管（PE）安装可采用热熔对接或承插式橡胶圈止水连接，宜优先采用热熔对接。

（2）采用热熔对接应在当日温度较低时进行；热熔对接时应按照产品说明书要求控制热熔对接的时间和温度。

（3）在管槽内铺设聚乙烯管（PE）时，不宜拉得过紧，铺设后使其呈自由弯曲状态，PE 管打孔或截断时，应预留余量。

PE 管热熔连接步骤如图 8-12 所示。

夹紧并清洁管口　　　　　调整并修平管口　　　　　加热板吸热

加压对接　　　　　保持压力冷却定型　　　　　焊接成型

图 8-12　PE 管热熔连接步骤

4. 钢管安装

（1）对首次采用的钢材、焊接材料、焊接方法或焊接工艺，施工单位应在施焊前按设计要求和有关规定进行焊接试验，并应根据试验结果编制焊接工艺指导书。

（2）焊工应按规定经相关部门考试合格后持证上岗，并应根据经过评定的焊接工艺指导书进行施焊。

（3）管节的材料、规格、压力等级等应符合设计要求，管节宜工厂预制，现场加工应符合相关规定。

（4）同一管节允许有两条纵缝，管径大于或等于 600mm 时，纵向焊缝的间距应大于 300mm；管径小于 600mm 时，其间距应大于 100mm。

（5）对口时纵、环向焊缝的位置应符合下列规定：

1）对口时应使内壁齐平，错口的允许偏差应为壁厚的 20%，且不得大于 2mm。

2）纵向焊缝应放在管道中心垂线上半圆的 45°左右处。

3）纵向焊缝应错开，管径小于 600mm 时，错开的间距不得小于 100mm；管径大于或等于 600mm 时。错开的间距不得小于 300mm。

4）有加固环的钢管，加固环的对焊焊缝应与管节纵向焊缝错开，其间距不应小于 100mm；加固环距管节的环向焊缝不应小于 50mm。

5）环向焊缝距支架净距离不应小于 100mm。

6）直管管段两相邻环向焊缝的间距不应小于 200mm，并不应小于管节的外径。

7）管道任何位置不得有十字形焊缝。

（6）不同壁厚的管节对口时，管壁厚度相差不宜大于 3mm。不同管径的管节相连时，两管径相差大于小管管径的 15％时，可用渐缩管连接。渐缩管的长度不应小于两管径差值的 2 倍，且不应小于 200mm。

（7）钢管对口检查合格后，方可进行接口定位焊接。定位焊接采用点焊时，应符合下列规定：

1）点焊焊条应采用与接口焊接相同的焊条。

2）点焊时，应对称施焊，其焊缝厚度应与第一层焊接厚度一致。

3）钢管的纵向焊缝及螺旋焊缝处不得点焊。

4）点焊长度与间距应符合 GB 50268《给水排水管道工程施工及验收规范》表 5.3.15 的规定。

（8）钢管采用螺纹连接时，管节的切口断面应平整，偏差不得超过 1 扣；丝扣应光洁，不得有毛刺、乱扣、断扣，缺扣总长不得超过丝扣全长的 10％；接口紧固后宜露出 2～3 扣螺纹。

（9）管道采用法兰连接时，应符合下列规定：

1）法兰应与管道保持同心，两法兰间应平行。

2）螺栓应使用相同规格，且安装方向应一致；螺栓应对称紧固，紧固好的螺栓应露出螺母之外。

3）与法兰接口两侧相邻的第一至第二个刚性接口或焊接接口，待法兰螺栓紧固后方可施工。

4）法兰接口埋入土中时，应采取防腐措施。

（10）钢管埋地铺设时应参照 GB 50268《给水排水管道工程施工及验收规范》第 5.4 节做好防锈处理。

5. 玻璃钢管安装

（1）管节及管件的规格、性能应符合国家有关标准的规定和设计要求，进入施工现场时其外观质量应符合下列规定：

1）内、外径偏差，承口深度（安装标记环），有效长度，管壁厚度，管端面垂直度等应符合产品标准规定。

（2）内、外表面应光滑平整，无划痕、分层、针孔、杂质、破碎等现象。

（3）管端面应平齐、无毛刺等缺陷。

（4）橡胶圈应符合 GB 50268 第 4.2.5 条的规定。

（2）接口连接、管道安装除应符合 GB 50268《给水排水管道工程施工及验收规范》第 5.7.2 条的规定外，还应符合下列规定：

（1）采用套筒式连接的，应清除套筒内侧和插口外侧的污渍和附着物。

（2）管道安装就位后，套筒式或承插式接口周围不应有明显变形和胀破。

（3）施工过程中应防止管节受损伤，避免内表层和外保护层剥落。

（4）检查井、阀门井等附属构筑物或水平折角处的管节，应采取避免不均匀沉降造成接口转角过大的措施。

（5）混凝土或砌筑结构等构筑物墙体内的管节，可采取设置橡胶圈或中介层法等措施，管外壁与构筑物墙体的交界面密实、不渗漏。

6. 钢筋混凝土管安装

（1）管节的规格、性能、外观质量及尺寸公差应符合国家有关标准的规定。

（2）管节安装前应进行外观检查，发现裂缝、保护层脱落、空鼓、接口掉角等缺陷，应修补并经鉴定合格后方可使用。

（3）管节安装前应将管内外清扫干净，安装时应使管道中心及内底高程符合设计要求，稳管时必须采取措施防止管道发生滚动。

## 8.5.4　阀门、管件安装

（1）检查安装的管件配件如螺栓、止水胶垫、丝口等是否完好。

（2）法兰中心线应与管件轴线重合，紧固螺栓齐全，能自由穿入孔内，止水垫不得阻挡过水断面。

（3）安装三通、球阀等丝口件时，用生料带缠绕，确保连接牢固不漏水。

（4）金属阀门和塑料管连接应符合下列要求：

1）直径大于 63mm 的管道宜用金属法兰连接，法兰连接外径应大于塑料管内径 2～3mm，长度不应小于 2 倍管径，一端加工成倒齿状，另一端牢固焊接在法兰一侧。

2）将塑料管端加热后及时套在倒齿的接头上，并用管箍上紧。

3）直径小于 63mm 的管道可用螺纹连接，并应装活接头。

4）直径大于 63mm 以上阀门应安装在底座上，底座高度宜为 10～15mm。

（5）管件及连接处不得有污物、油迹和毛刺。

（6）不得使用老化和不合规格的管件。

（7）截止阀与逆止阀应按流向标志安装，不得反向。

（8）自动控制阀的连接铺设应符合以下要求：

1）待管道静水试压合格后，即可进行电磁阀控制线的连接。接线人员应具备一定的电工知识，熟悉各电磁阀的坐标编号和轮灌组的编排。

2）电磁阀接线应由尾部电磁阀沿管道连接，同一轮灌组的电磁阀应采用同色火线相连，并在共接点前、后端标记电磁阀坐标号。各控制线应尽量减少接头，并将接头布置于地表，做好保护措施。最后测量并联电磁阀的阻抗，以检测接线是否正确。

3）接线器必须接线可靠，在接线器外端控制线必须拧绞打结，电线沿管道铺设应留有一定的余量。

### 8.5.5　灌水器的安装

1. 给水栓

（1）安装给水（出水）装置应按照设计图纸的要求进行安装。

（2）安装组合给水（出水）装置时，支管与竖管、竖管与弯头、管道与阀门的连接应密封可靠。

（3）给水（出水）装置与管道连接处应垫置加固支撑，避免设备的重量直接使管道受压。

2. 喷头及竖管

（1）喷头安装前应进行检查，其转动部分应灵活，弹簧不得锈蚀，竖管外螺纹完好。

（2）支管与竖管、竖管与喷头的连接应密封可靠。

（3）竖管安装应牢固、稳定。

3. 喷灌机

（1）喷灌机安装前，应对安装所需工具和设备进行检查。工具、设备应良好、备齐。喷灌机部件应按顺序摆放在安装的位置上。各部件应齐全、完好无损。

（2）喷灌机的安装必须严格按照设计文件及使用说明书的安装顺序和步骤进行。应待各部件组装完毕检查无误后再进行安装。

（3）安装时接头处应用密封材料密封，防止漏水、漏油。

（4）滚移式喷灌机的轮轴应用轮轴夹板固定，防止滑脱；整条管线的喷头安装孔应对准在一条直线上。

（5）绞盘式喷灌机在试运行调整喷头小车的行走速度时，不得使喷洒水在地表产生径流。

（6）带移动管道的轻小型喷灌机的安装，应首先将喷灌机的进水管和供水管的供水阀连接好，再按要求安装移动管道、竖管和喷头。

（7）喷灌机安装完毕后应先检查各部件连接状况，螺栓应紧固到位，各部件不得漏装、错装，电控系统接线应正确可靠。柴油机、发电机、水泵的安装和轮胎的充气均应符合要求。

4. 滴灌带（管）

（1）根据作物种植带种植要求放线，以确定种植区的土地平整范围和滴灌带（管）铺设的方向。

（2）采用机械铺设时滴灌带（管）宜考虑与机械种植同步铺设；铺设滴灌带（管）的播种机导向轮转动灵活，导向环应光滑，使滴灌带（管）在铺设中不被刮伤或磨损。

（3）人工铺设滴灌带（管）应与种植作物位置预留一定的距离，避免耕作时损坏滴灌带（管）。

（4）根据滴灌带（管）铺设位置，在配水管上打孔，安装密封胶圈、接头、PE管、旁通，并将滴灌带（管）与旁通相连。旁通安装前应检查旁通外形，并清除管口飞边、毛刺，应抽样量测插管内外径，并在符合质量要求后安装。

（5）滴灌带（管）管端应齐平，不得有裂纹，与旁通连接前应清除杂物。

（6）应选用与灌水器外径相匹配的打孔器，打孔时钻头必须垂直于管道，不能钻斜孔，防止由旁通插管处漏水。

（7）安装地埋式滴灌管时，其埋深应与耕作要求相适应，必要时出水口宜采取防堵措施。

（8）滴灌带（管）铺设在地表或地下时，出水口应朝上。

5. 微喷带及微喷头

（1）根据作物种植带种植要求放线，以确定种植区的土地平整范围和微喷带铺设的方向。

（2）微喷带铺设时出水口应朝上。

（3）微喷头直接安装在毛管上时，应将毛管拉直，两端紧固，按设计孔距打孔，将微喷头直接插在毛管上。

（4）用连接管安装微喷头时，应按设计规定打孔，连接管一端插入毛管，另一端引出地面后固定在插杆上，其上再安装微喷头。

（5）插杆插入地下深度不应小于15cm，插杆和微喷头应垂直于地面。

# 9　工　程　运　行　管　理

节水灌溉工程同其他水利工程一样，必须正确处理好建、管、用三者的关系。建是基础，管是关键，用是目的。在保证管道系统建设质量的前提下，只有管好、用好，才能充分发挥农业增产效益，因此管道灌溉工程的运行管理显得尤为重要。要加强管理，必须建立、健全管理组织和管理制度，实行管理责任制，搞好工程运行、维修与灌溉用水管理。

## 9.1　管理组织与制度

### 9.1.1　明确管理主体，健全管理组织

多年实践证明，欲使灌溉工程延长使用寿命、降低灌溉成本、正常发挥效益，必须明确管理主体、落实管理责任，建立健全长效运行管理机制。根据灌溉工程产权所属及规模，建立健全相应的灌溉管理组织，配备专管人员。

#### 9.1.1.1　明晰工程产权与经营权

产权明晰是市场经济的最基本的要求，是实现资源优化配置的必要条件。产权不明就不可能有合理而明确的管理主体，没有合理而明确的管理主体要想管理好工程必定是空话。除分散的井灌工程外，我国目前拥有的多数具有一定规模的管道输水灌溉工程，主要属"民办公助"性质兴建而成，所有权归属不清，本应明确的管理责任不能有效落实。"有人使用没人维修养护"的现象较为普遍，久而久之又逐渐出现各种问题，工程发挥不了应有的效益。因此，要想管理好灌溉工程，应该首先明确灌溉工程的归属，让受益农民切实承担起管理的主体地位，落实运行、维护责任。

产权明晰是实现资源优化配置的前提，要真正管好灌溉工程，主要靠经营，即利用经营权对工程进行管理。产权与经营权可以为一体，也可以相互分离，

要由工程的所有者自主决定工程经营权。一般而言，对于小型的输水灌溉工程，可以自建自管，这时产权与经营权为一体；对于具有一定规模的输水灌溉工程，除专业化集中管理外，可以把经营权与产权分开。国内常见的形式有承包经营责任制、租赁制、拍卖和股份合作制等。

### 9.1.1.2 管理组织

明确输水灌溉工程的产权和经营权，为工程的良性运行奠定了基础。要真正实现工程的良性运行，应协调好产权所有者与经营者、经营者与上级供水单位以及经营者内部之间的关系，健全经营管理组织。

根据灌溉工程产权和经营权的不同归属状况，国内常见的灌溉工程管理模式主要有统一型、公司型、协会型和科技型等形式。

**1. 统一型管理模式**

统一管理，就是要对灌溉工程实行"四统一"，即"统一管理，统一灌溉，统一收费，统一维护"，这种管理模式有利于保证节水灌溉工程的正常使用、维修及养护，有利于水资源保护。其主要适用于集约化经营程度较高的灌溉工程。为提高土地的产出效益，通过采用高效节水灌溉，通过土地承包、租赁等形式，把过去一家一户分散经营的土地集中起来，进行统一开发、统一管理。如公司加农户的管理模式就是其中之一，由具有法人资格的公司对灌溉工程控制区内的土地以"反租倒包"形式进行统一管理；也可通过与农户签订经济合同，再以适当的价格将土地分包给部分农户，公司负责技术指导与产品销售服务，实现土地合理流转，灌溉工程统一管理，达到企业和农民双方受益。

这种管理模式也可在灌溉工程产权不变的前提下，将工程或设备的经营使用权转让给个人或联户，通过合同契约方式来保障工程产权所有者与承包（租赁）方的利益。工程所有单位与租赁或承包经营权者签订承包（租赁）合同，以法定程序规定甲、乙双方的权利和义务，收取一定的租金或承包费及相关费用，由承包者按合同规定对工程进行统一的运行管理。

在城市郊区及经济较发达的农村，采用统一化管理模式，把灌溉作为农业生产的一项基础性工作，不仅可以灌溉工程的高效管理，也将推动当地节水高效农业的发展。但在耕地散碎、分田到户的地方不宜推广这种统一管理模式。

**2. 公司型管理模式**

公司型管理是按照市场机制要求建立起来的新型基层灌溉服务模式。服务组织以公司的形式出现，实行企业化管理，规范化服务，独立核算，自主经营，自负盈亏。对于由国家、集体、群众共同投资兴建的灌溉工程，可以在基层组织的基础上，以乡水利站为依托，也可以村为单位，成立相应的灌溉公司，对农户实行灌溉承包。实行公司运行制，实现"自主经营，有偿服务，微利运转"，使工程效益正常发挥。在灌溉成本核算中，既不能为了公司利益，变相增加灌溉费用，也不能只考虑农民眼前利益而盲目降低灌溉费用，忽略了工程维修、养护及折旧费用，否则对工程长远发挥效益不利。公司的运营应兼顾各方利益，按灌溉成本核定收费标准，微利保本经营，实现灌溉公司的滚动发展和灌溉工程的良性循环。公司型管理能够有效地解决目前我国农村一家一户土地分散经营的灌溉问题，由公司对节水灌溉工程进行统一管理和经营，按灌溉要求负责计划配水及节水灌溉工程的运行和维护工作，既缩短了轮灌周期，降低了灌溉成本，也提高了抗旱效果，工程设备的利用率及管理水平较高。

公司型管理组织可以采用股份制，按照"自愿入股，利益共享，自主经营，自负盈亏，风险共担，民主管理"的原则，联合建设和管理灌溉工程。由各级政府和受益农户共同入股，将投资折算为股金，乡以上投资为集体股，群众自筹为个人股，成立股东会、董事会，按照股份制运行方式进行管理。股东会是最高权力机构，由股东大会选举产生，主要职责是监督检查工程维修计划、调度运用方案和财务收支责算等重大事宜。董事会负责制定工程管理办法、用水调度方案及收费办法、财务管理制度、管理人员的岗位责任制度等规章制度。实施时，可由地块联片的农户按面积计股，按股集资兴建节水灌溉工程，产权及使用权归集资户所有，农民浇地自我管理，设备出现故障由集资户筹资维修。水费收入扣除管理成本按股份分红，集体股红利用于工程设施维修和更新改造。这种管理形式从根本利益上实现了管理主体与受益主体的统一，使灌溉工程真正走上自主经营、自我发展的轨道。股份制管理组织适用于水利基础条件比较差，但群众发展节水灌溉积极性较高的乡（镇）、村，是今后灌溉工程建设和管理的一个发展方向。

### 3. 协会型管理模式

协会型管理是用水户参与的一种自主管理模式，这种管理模式主要在灌区支渠以下的渠道及田间工程建设中应用较多。对于规模较大的管道输水灌溉工程可以仿照灌区农民用水者协会成立相应的管理组织，鼓励和调动广大农民参与灌溉管理的积极性，使农民从过去对灌溉工程被动投入变为主动投资建设与管理灌溉工程。

用水者协会一般具有法人资格，内部实行民主管理，对外维护农民利益。用水者协会通常由乡水利站负责组建，设乡、村两级。乡用水者协会为总会，由各村用水者协会选举产生，负责制定灌溉工程运行维护管理办法、水费征收办法、作物灌溉制度及调配水计划等。村级用水者协会为分会，受乡用水者协会的领导。对大型的灌溉工程，协会设理事会和监事会，理事会负责节水灌溉工程的运行、技术服务及水费收取；监事会责监督理事会的工作，向会员负责。

实践证明，这种管理形式既能有效地提高灌区用水效率，缩短灌溉周期，又能降低灌溉成本，农民认可度较高。

4. 科技型专业化管理模式

科技型专业化管理适合水利基础条件相对较好、乡（镇）及村级水利服务体系较健全的地区。由水利工程技术人员承包管理灌溉工程。目前，农民对高标准灌溉技术（如微机自动化灌溉装置）在认识上、技术上都一时难以适应，虽然建成，因缺乏相应操作人员和机具使用维修人员，节水工程效益的发挥受到影响。

由乡（镇）政府或村委会和水利管理站人员组成专门机构、负责对农业种植结构调整、水费征收等进行协调和规范；水利管理站负责灌溉技术指导及灌溉设备的调配、运行、维护和管理，并通过制定工程运行管理制度等进行规范化服务。这种管理模式在一定程度上提高了灌溉设备的利用率和灌溉管理水平。在灌溉季节，由农户向管理部门提出灌溉申请，管理部门派水利管理站专业技术人员为农户提供灌溉服务，农户只需缴纳一定的灌溉费用即可。采用这一管理形式，一方面发挥了科技人员的特长，另一方面增加了他们的收入，推动乡镇和国有水管单位实现经费自给；同时由于科技人员的灌溉指导，有利于树立农民正确的节水意识，科学调度种植结构，促进工程效益的发挥。

### 9.1.2 广西糖料蔗高效节水灌溉工程运行管理模式

经过近两年的摸索，广西糖料蔗高效节水灌溉工程运行管理日趋成熟，逐渐形成了1.3.1节介绍的运行管理模式，各县（市、区）水利局可根据具体情况来选取。

### 9.1.3 管理制度建设

1. 落实项目支持

（1）落实部门工作职责。县级水行政主管部门应加强对高效节水灌溉项目建设管理的组织、指导和协调，抓好项目建设的行业管理和监督检查等工作。

（2）加强政策引导。充分发挥水利在发展农业节水中的主导作用，加强高效节水灌溉项目建设的政策扶持，统筹资源，引导农业企业、种植大户和农民群众等受益主体参与项目建设和管理。

（3）落实资金支持的重点和前提。财政资金支持的高效节水灌溉项目应"先建机制、后建工程"。优先支持土地流转或整合、规模种植、管护落实的项目区，且项目建设应能有效地改善项目区群众的农业生产条件，促进农业增产、农民增收和农村发展。财政资金支持高效节水灌溉项目的工程建设重点应为水源工程、输水系统和主要配水系统，并应形成水利固定资产，为项目区提供长期的灌溉保障。

2. 做好项目申报与审批

（1）加强前期工作管理。项目初步设计由项目业主委托具备资质的设计单位编制。由水行政主管部门审查或审批的高效节水灌溉项目初步设计编制单位须在自治区水利厅备案。

（2）明确项目审批权限。除项目区跨市的高效节水灌溉项目初步设计由自治区水行政主管部门审批外，项目区面积小于 300 亩（含）的高效节水灌溉项目初步设计由县级水行政主管部门审批，其余项目的初步设计由市级水行政主管部门审批。

（3）完善申报前提和程序。申请财政资金支持的高效节水灌溉项目应完成项目的初步设计和审批工作，并提交初步设计报告和批复文件。初步设计报告中应附有工程管护主体对灌溉制度设计的确认函和工程建后管护方案；并依据不同渠道的财政资金项目管理要求编制建设方案或实施方案，并按照不同渠道的财政资金项目申报程序申请财政资金支持。

（4）加强资金整合。鼓励项目业主整体设计建设高效节水灌溉项目，科学利用项目区的水土资源，并依据经审批的初步设计报告合理整合资金渠道，实现项目最优的投资效益。

3. 加强项目建设与管理

（1）明确建设程序。高效节水灌溉项目建设应严格执行基建程序，实行项目法人责任制、招标投标制、建设监理制、合同管理制和项目公示制。

（2）倡导参建单位监管。建立勘测、设计、施工、监理等单位的服务质量评价体系，建立诚信档案。

（3）加强管材监管。建立高效节水灌溉管材、设备的抽检制度，加强对高效节水灌溉管材、设备生产和销售企业的服务监管。

（4）加强建设资金管理。财政资金支持的高效节水灌溉项目应严格执行项目资金使用管理的有关规定，按照批准的工程建设内容、规模和标准使用财政资金，严禁截留、挤占和挪用。

（5）完善监督员制度。推行受益群众监督员制度，实行挂牌上岗。建立健全群众监督员经费支出管理和技能培训体系。

（6）开展效益评价。开展高效节水灌溉项目效益监测，将项目实施前后灌溉保障、农业综合生产能力提高、工程管护制度和经费落实等作为监测重点。

4. 完善验收与监督制度

高效节水灌溉项目建成后，应及时组织竣工验收。对验收不合格的项目，应限期整改；并应签订工程质保期限，期限一般不少于 2 年，保修期自项目通过竣工验收之日起计算。

5. 做好工程移交与管护

（1）明确产权和运行管护主体。高效节水灌溉项目竣工验收后，应及时办理移交，明确产权归属。各级水行政主管部门应加强对高效节水灌溉项目运行管护的指导和监督，探索有效的运行管护机制，确保工程良性运行。高效节水灌溉项目管护主体应切实落实工程运行管护的各项制度和责任，抓好工程的运行和管护。

（2）设立标志牌。公开工程基本情况、产权归属、轮灌制度、设施保护义务、破坏赔偿责任和举报电话等信息，接受项目区群众监督。

## 9.2 工程运行与维护

### 9.2.1 工程运行注意事项

灌溉工程运行前，应检查水源取水装置、管道系统和附属设施是否完好、齐全。

灌水时必须先开启出水口，后启动水泵，不能违章操作。根据流量确定最优轮灌方式、轮灌支管条数或同时启用给水栓数量，改换出水口工作状态时，必须先开后关，给水栓应避免急开、急关，以防产生水锤，破坏管道。

一个轮灌组灌水结束前，必须先打开下一轮灌组给水栓再关闭前一组给水栓，灌水可由上而下或由下而上顺序进行。

停灌时必须先停泵，后关闭给水栓（阀门）。停灌期间，应先把地面可拆装的设备收回保管，妥善保存并定期维护。在有冻害的地区，冬季应及时放空管道，以免冻坏。

### 9.2.2 水源工程运行与维护

水源工程运行与维护的基本任务是保证水源工程、机泵、输水管道及建筑物完好、正常运行，延长工程设备的使用寿命，发挥最大的灌溉效益。

#### 9.2.2.1 水源工程的使用与保护

对多水源的灌溉工程，应根据当地不同水源的状况，合理调配各种水源。地表水可利用水资源在质和量上均能满足灌溉要求时，宜首先考虑地表水作为灌溉水源；在地下水丰富、机井条件较好的地方，可建立以井灌为主的灌溉，也可将地表水与地下水联合运用，保证水资源的可持续利用。

对水源工程除经常性的养护外，每当灌溉季节结束和下次灌溉之前，都应及时清淤、除障或整修，灌溉中也应及时清除水源中的杂草和漂浮物，保证灌溉用水。以井为水源时，当井中抽水量超过井的设计出水量时，可能出现大量涌沙，应及时调整，防止管道淤积和堵塞，机井塌陷；从河道、池塘等地表水取水时，要采取一定的措施防止杂草、污物和泥沙进入管网。同时，还应在管道中每隔一定距离，结合管道排水设置排污（沙）阀，定期排除沉积在管道内的泥沙。

对机井（指筒井、管井和筒管井）的管理，还要做到以下几点：

（1）机井井口配置保护设施，修建井房，加设井台、井盖，以防止地面积水、杂物对井水的污染。

（2）掌握机井的技术指标，如井深、井管倾斜度、井径、砂层垂直分布、水位、出水量和水中含沙量等，以便科学地使用机井，合理地开采地下水。

（3）在机井使用过程中，要注意观察水量和水质的变化。若发生异常现象，出水量减少，水中含沙量增大，应立即查清原因，采取相应的洗井、维修、改造及其他措施。

### 9.2.2.2　机泵运行与维护

1. 机泵运行

（1）开机前的检查和准备。

1）检查内容。在开机前要进行一次细致的检查检查的主要内容有：①水泵和电动机是否固定良好；②联轴器是否同心，间隙是否合适，用皮带传动的要检查两个皮带轮是否对正；③各部位的螺丝是否有松动现象；④用手转动联轴器或皮带轮，看转动是否灵活，如果内部有摩擦声响，应打开轴盖检查处理；⑤用机油润滑的水泵，检查油位是否合适，油质是否符合要求；⑥带底阀水泵的侵没水深度是否满足要求；⑦检查机泵周围是否有妨碍运转的物件；⑧电动机和电路是否正常。

2）准备内容：①在开机前要灌满清水；②出水管路上有闸阀的离心泵，开机前要关闭闸阀，以降低启动电流；③深井泵开机前要往泵里灌一次清水，以润滑橡胶轴承；④用皮带机传动的水泵，要把皮带挂好，检查皮带松紧状况，并调整合适。

（2）开机后的注意事项。开机运行后机泵是否正常运行，应注意以下几点：

1）各种量测仪表是否正常工作，特别是电流表，看指针是否超过了电动机额定电流。

2）机泵运转声音是否正常，如果振动很大或有其他不正常的声音，应立即停机检修。

3）水泵出水量是否正常，如果出水量减少，应停泵查找原因。

4）用皮带传动的水泵，若发现皮带里面发亮，水泵转速下降，应立即擦上皮带油；当皮带过松时应停机调整。

5）填料处的滴水情况是否正常（每分钟 10～30 滴水为宜）如不滴水或滴水过多，应调整螺丝的松紧。

6）水泵与水管各部分是否有漏水和进气现象，吸水管应保证不漏气。

7）轴承部位的温度以 20～40℃为宜，最高温度不超过 75℃，如果发现异常现象，应立即停机检修。

8）电动机升温情况，避免超过电动机的允许温度。

9）如机泵发生故障，要弄清故障发生的地方和部位，找出原因，及时维修。

（3）开机和停机后的注意事项。

1）停机时，应先关闭启动器，后拉电闸。

2）设有闸阀的离心泵，停机前应该先关闭闸阀再停机，以减少振动。

3）长期停机或冬季使用水泵后，应该打开泵体下面的放水塞，将水放空，防止锈蚀或冻坏水泵。

4）停机后，应该把机泵表面的水迹擦净以防锈蚀。

5）停灌期间，应把地面可拆卸的设备收回，经保养后妥善保管。

6）在冻害地区，冬季应及时放空管道。

2. 机泵维修

要延长机系的使用寿命，除正常操作外，还要进行经常和定期的维修。

（1）经常保持井房内和机泵表面干净。

（2）经常拧进拧出的螺丝，要用合适的固定扳手操作；不常用的螺丝和露在外面的丝扣，每 10 天用油布擦一擦，以防锈固。

（3）用机油润滑的机泵，每使用一个月加一次油；用黄油润滑的，每使用半年加一次油。

（4）机泵运行一年，在冬闲季节要进行一次彻底检修，清洗、除铁去垢、修复或更换损坏的零部件。

### 9.2.3　固定管道运行与维护

#### 9.2.3.1　防止水锤的运行措施

水具有惯性和不可压缩性，在管道开始和停止供水时，管道压力急剧上升或下降，易产生水锤，引发爆管。因此，防止产生水锤，保护管道安全运行是管道运行管理中的一项重要内容。

灌溉系统的工作压力一般不高，只要正确操作和管理，水锤问题并不严重。在运行中可以从以下几方面加以重视：

（1）开机时，一定要先检查出水口是否已经打开，严禁先开机后开出水口。首先应该打开排气阀和计划放水的出水口，检查能否正常出水，有无卡堵现象，必要时再打开管道上其他出水口排气，然后开机并缓慢开启水泵出水管上的闸阀充水。当管道充满水后，缓慢地关闭作为排气用的其他出水口，以防止管内压力急剧增大，损坏管道及出水口等设施。

（2）管道为单孔出流运行时，当第一个出水口完成输水灌溉任务，需要改用第二个出水口时，应先缓慢打开第二个出水口，再缓慢关闭第一个出水口。

（3）管道运行时，严禁突然关闭出水口，以防爆管和毁泵。

（4）管道停止运行时，应先停机后关出水口，同时借助进气阀、安全阀或逆止阀，防止产生水锤。

### 9.2.3.2　管道维修

管网运行时，若发现地面渗水，应停机排空管道，待土壤变干后，将渗水处挖开，露出管道破损位置，按相应管材的维修方法进行维修。

（1）硬质塑料管。硬质塑料管，材质硬脆，易老化。运行时注意接口和局部管段是否损坏漏水。若发现漏水应立即处理。一般接口处漏水，可用专用黏结剂堵漏；若管道产生纵向裂缝漏水，需要更换整条管道。

（2）水泥制品管。水泥制品管一般容易在接口处漏水。若有漏水可用纱布包裹水泥砂浆法或混凝土加固，也可用柔性连接修补。现浇混凝土管由于管材的质量或地面不均匀沉降造成局部裂缝漏水现象的处理方法：一般是用砂浆或混凝土加固，二是用高强度等级水泥膏堵漏。

（3）钢管。钢管出现漏水时应参照 GB 50268《给水排水管道工程施工及验收规范》处理。

### 9.2.3.3　管件与附属设备的维修

1. 给水装置

给水装置多为金属结构，要防止锈蚀，每年要涂防锈漆两次。对螺杆丝扣，要经常涂黄油，防止锈固，便于开关。

管道输水灌溉工程不同于渠道输水工程，它暴露在地上部分只能看到出水口，其余部分埋入地下，所以出水口的保护就成了重中之重。出水口要修建保护工程，平时要严防农田耕作、农作物收获作业时运输工具及牵引机械的碰撞破坏，并避免农户争水时的人为破坏。

2. 保护装置

保护装置如安全阀、进（排）气阀、逆止阀等，要经常检查维修，保证其安全、有效地运行。

3. 田间管道的日常冲洗

（1）试水冲洗。输水干管及主、支管的冲洗：系统设计必须要满足在冲洗过程中不低于每秒 0.50m 的冲洗流速。系统的冲洗必须要按以下步骤进行：系统注满水并使达到正确的工作压力；冲洗主管，排污阀出水干净后，关闭排污阀；冲洗支管及毛管，末端出水干净后，装上堵头。毛管的冲洗：毛管冲洗是没有任何化学药品可以用来解决这一问题的。连接毛管和盲管，待水到达滴管末端时，毛管末端可以打开关闭 3 次，使压力产生波动，冲出泥沙及管线内的生产废料，水流干净后堵住滴管线的末端，防止水流出，且不能用铁丝等硬物绑扎。

（2）常规冲洗。系统运行一个星期后，打开一次毛管的末端，冲除末端积存的细小微粒，管线须一个一个地打开，以保证系统内压力正常。每个月依次打开各个轮灌组的末端堵头，使用高压力冲洗主、支管道。

（3）下雨冲洗。下大雨淤泥和沙子会进入滴（喷）头，待干了之后流道中的污物会沉淀而堵塞滴头。为防止堵塞，要在径流水被排出之后进行灌溉，通常是在雨后 1～2 天进行，这被称为是技术灌溉，因为只是为冲洗滴灌而不是真缺水。

4. 维护

（1）全系统高压清洗。打开若干轮灌组阀门（少于正常轮灌阀门数），开启水泵，依次打开主管和支管的末端堵头及毛管，使用高压力逐个冲洗轮灌地块，力争将管道内积攒的污物冲洗出去。然后把堵头装回，将毛管封闭。

（2）过滤系统维护。在管道高压清洗结束后，充分清洗过滤器后排净水。

1）带有砂石分离器的叠片式过滤器：先把各个叠片组清洗干净，然后用干布将塑壳内的密封圈擦干放回。再开启集砂腔一端的丝堵，将腔中积存物排出，然后将水放净。最后将过滤器压力表下的选择钮置于排气位置。

2）介质过滤器（即用砂石作滤床）：打开过滤器罐的顶盖，检查砂石滤料的数量，并与罐体上的标识相比较，若数量不足应及时补足以免影响过滤质量。若砂石滤料上有悬浮物，须捞出。同时在每个罐内加入一包氯球，放置 30min 后，启动过滤器罐各反冲 120s 两次，然后打开过滤器罐的盖子和罐体底部的排水阀将水全部排净。再将过滤器压力表下的选择钮置于排气位置。若罐体表面或金属进水管路的金属镀层有损坏，立即清锈后重新喷涂。

3）自动反冲洗过滤器：在反冲洗后将叠片彻底清洗干净（必要时需用酸洗，例如用醋酸、草酸等，酸洗后应用清水冲洗干净）后放回。

（3）施肥系统的维护。在进行维护时，关闭水泵，开启与主管道相连的注肥口和驱动注肥系统的进水口，排去压力。

1) 脉冲式注肥泵并配有塑料肥料罐：先用清水洗净肥料罐，打开罐盖晾开。再用清水冲净注肥泵，按照相关说明打开注肥泵，取出注肥泵驱动活塞，用润滑油进行正常的润滑保养，然后拭干各部件后重新组装好。

2) 压差式注肥罐：仔细清洗罐内残液并晾干，然后将罐体上的软管取下并用清水洗净置于罐体内保存。每年在施肥罐的顶盖及手柄螺纹处涂上防锈油，若罐体表面的金属镀层有损坏，立即清锈后重新喷涂。

（4）田间设备的维护。

1) 排水底阀：把田间位于主支管道上的排水底阀（小球阀）打开，将管道内的水尽量排净，此阀门冬季不必关闭。

2) 田间阀门：将各阀门的手动开关置于开的位置。

3) 滴灌管线：在田间将各条滴灌管线拉直，勿使其扭折。若冬季回收也注意勿使其扭曲放置。同时，应将所有球阀拆下晾干后放入库房或置于半开位置（包括过滤器上的球阀），防止阀门被冻裂。

### 9.2.4　支管、辅管轮灌

目前广西高效节水灌溉工程多以轮灌形式进行设计，一般有支管轮灌和支管＋辅管轮灌两种形式，经近两年来建设使用支管轮灌与以往使用支管＋辅管轮灌相比其优点比较多，值得推广和应用。

目前的轮灌方式主要有以下几种：

支管＋辅管轮灌。就是每条支管上布置有若干条辅管，以一条辅管控制的灌溉范围为基本灌水单元。系统运行时，每次开启该轮灌组内的每条支管上的一条或多条辅管，该辅管上的毛管同时灌水。

支管轮灌。就是以一条支管控制面积的灌溉范围为基本灌水单元。一条或多条支管构成一个轮灌组。每个轮灌组运行时，该轮灌组内支管上所有毛管全部开启。一个轮灌组灌水完成后，开启下一个轮灌组内的支管，关闭前一个轮灌组内的支管。

支管轮灌与支管＋辅管轮灌的主要优点有：

（1）运行管理方便。在运行管理上，支管轮灌灌水小区面积较大，运行操作简单，劳动量小。支管轮灌控制面积较大，较支管＋辅管的系统模式灌水小区面积大10倍左右，控制阀门少，操作简单、快捷，劳动量小。

（2）灌水均匀度高。运行期间，对田间灌水器压力、流量进行了测试，压力、流量偏差小，灌水均匀度约93.90%，灌水均匀。远大于《微灌工程技术规范》要求的80%。易于进行化调、治虫和点片补水。

（3）节省人工费用。支管＋辅管系统一个泵房需配备3～4人，进行泵房操作和田间阀门开启。而支管轮灌系统由于单个阀门控制面积增大，泵房管理员劳动强度大大降低，因此一个泵房只需配备1～2人。

（4）节省材料费用。去掉辅管，毛管直接与支管连接，减少了管道连结件。

（5）减少病虫害的传播。支管＋辅管轮灌操作球阀全部在田间，操作人员需在田间进行操作，一次操作要将本系统的地块全部跑到，这样就增加了病虫害的传播途径。支管轮灌的控制球阀基本都在地边或农渠，泵房管理员可以不用进入田间便可完成田间操作，这样大大减少了病虫害的传播几率。

（6）系统升级方便。支管轮灌系统控制阀门少，每个阀门控制面积15亩左右，为以后大面积建设灌溉自动化、智能化打下了平台，今后上自动化控制时投资少。

## 9.2.5  水费征收

运行费包括职工工资及附加、修理费、材料费、抽水电费等，直接在项目总成本费用的基础上，剔除折旧费、现有水利工程供水费用，抽水成本电价调整为影子价格，水价分析方法见表9-1。

表 9-1                            水 价 分 析 表

| 工  程  名  称 | | | 分项 |
|---|---|---|---|
| 供水生产成本 | 直接材料费/（万元/年） | 原水费/（万元/年） | |
| | | 燃料动力费 · 装机功率/kW | |
| | | 燃料动力费 · 日运行时间/h | |
| | | 燃料动力费 · 年动力费/万元 | |
| | | 燃料动力费 · 年药剂费/万元 | |
| | | 合计/万元 | |
| | 制造费用/（万元/年） | 材料费/万元 | |
| | | 折旧费/万元 | |
| | | 维修费/万元 | |
| | | 合计/万元 | |
| 供水费用 | 管理人员数/人 | | |
| | 水利行业年人均工资/元 | | |
| | 工资及工资附加/（万元/年） | | |
| 年供水生产成本费用/万元 | | | |
| 年有效供水量/万 m³ | | | |
| 成本水价/（元/m³） | | | |